岩土工程发展理论与实践丛书

地下结构群深基坑工程

李连祥　著

中国建筑工业出版社

图书在版编目（CIP）数据

地下结构群深基坑工程 / 李连祥著. — 北京：中国建筑工业出版社，2023.12
（岩土工程发展新理念与实践丛书）
ISBN 978-7-112-29408-4

Ⅰ.①地…　Ⅱ.①李…　Ⅲ.①深基坑‐地下工程‐结构工程‐研究　Ⅳ.①TU93

中国国家版本馆 CIP 数据核字（2023）第 241189 号

责任编辑：杨　允　刘颖超　李静伟
责任校对：姜小莲

岩土工程发展新理念与实践丛书
地下结构群深基坑工程
李连祥　著
*
中国建筑工业出版社出版、发行（北京海淀三里河路 9 号）
各地新华书店、建筑书店经销
国排高科（北京）信息技术有限公司制版
天津安泰印刷有限公司印刷
*
开本：787 毫米 × 1092 毫米　1/16　印张：11¾　字数：290 千字
2023 年 12 月第一版　　2023 年 12 月第一次印刷
定价：**59.00** 元
ISBN 978-7-112-29408-4
（41911）

序

　　2012 年末，收到作者发给我的邮件，拟到浙江大学软弱土与环境土工教育部重点实验室进行复合地基近接基坑开挖的离心试验。2013 年 10 月该试验开始准备，至 2016 年年中结束。记得当时试验是我们离心机的第一次模拟基坑开挖，制作了全套模型，开发了非停机开挖设备，把物理模拟推广到了基坑工程，也算是离心试验技术的进步。现在看当时复合地基侧向开挖试验，实际是地下结构与基坑支护结构集约化作用研究的开始。

　　随国家城市战略实施和功能完善、提升，轨道交通成为中心城市的基本标志；地铁车站为核心的地下空间开发将基坑深度、规模和复杂程度提高到新水平，既有地下结构群环境成为中心城市深基坑的重要特征。地下结构存在，改变了基坑周边邻近的岩土介质，不符合现行规范土力学理论的计算条件。因此，地下结构群深基坑集约化理论和设计方法将成为中心城市建设及安全的迫切需求，也是基础结构科技进步支撑国家城市战略的重要创新方向。

　　城市地下空间种类繁多，既有地下结构多种多样，地下结构群环境深基坑周边不同介质、刚度、范围、边界等约束难以获得支护荷载的统一解析解。有限元方法与基坑工程的研究实践证明数值模拟技术能够反映既有结构性状及其与岩土体的相互作用，将是地下结构群深基坑设计计算和分析的唯一有效工具。作者基于工程设计和研究的深刻体验，学习、总结业内优秀成果，建立了深基坑三维整体设计法，发现基坑工程"深度效应"；基于（济南）城市地质条件，明确并划分了深、较深和浅基坑的深度范围，构建了城市为单元的深基坑决策系统；揭示了现状深基坑支护临时性措施存在浪费、污染、高碳排放等弊病，提出了"深基坑支护永久化"理念，定义了"岩土结构化"设计方法。明确了深基坑工程系统及其范围，针对基坑周边既有结构全生命周期安全，反思典型地下结构变形监测预警与结构安全之间的联系，强调并建议既有结构监测及其设施的可持续性。

　　《地下结构群深基坑工程》直面国家城市发展战略需求，服务经济建设主战场，兼顾历史和未来，彰显保护和利用，亮点在"集约"，核心是绿色与低碳。希望本书对于凝聚行业关注，解决工程关键，重视科学有效方法，促进深基坑工程高质量发展发挥积极作用。

中国科学院院士 陈云敏

2023 年 7 月 30 日于杭州

前　言

2009年起，随着京沪高铁带动的济南西部新城建设，有幸先后主持完成了济南西站东广场、济南省会文化艺术中心（大剧院）等重大项目的深基坑工程方案。地铁车站在广场群桩之中深挖与大剧院台仓被复合地基包围不符合经典土压力计算支护结构水平荷载的问题令我做了大量思考。2011年我调入山东大学，开展了基坑开挖对复合地基侧向力学性状影响的离心机试验，先后带领多名研究生开展相关工作，逐渐体会到地下结构群环境是中心城市深基坑工程的鲜明特征。

目前，以土压力作为荷载按照承载能力和正常使用极限状态原则，选用一定安全系数，确定基坑支护结构。弹性半无限空间土层是土压力适用的前提，当基坑外围既有地下结构群体存在，既有结构与基坑支护通过岩土体相互作用，支护结构水平荷载计算便是第一个难题；由于既有结构多种多样，基于大量复合地基侧压力研究，地下结构群环境基坑支护结构水平荷载无法采用类似土压力的解析解，只能寄望数值方法。数值模拟基坑开挖采用摩尔-库仑本构模型地面变形上浮现象，与实际监测数据相悖成为解决地下结构群环境深基坑设计的第二个难题。经过反复学习和实践，领悟到基坑工程数值分析应采用土的小应变强化模型，于是模型参数体系成为地下结构群环境深基坑的第三个难题。经过不懈工作和碰撞提升，建立了深基坑数值分析的三维整体设计法，基于城市工程经验和岩土勘察标准地层提出了以城市为单位深基坑决策系统。

离心试验成果证明复合地基对于近接基坑支护结构具有遮拦作用，复合地基侧压力小于经典土压力。地下结构多为钢筋混凝土材料，刚度较大且其正常功能发挥时与岩土体作用的机理不同，邻近既有结构受基坑开挖岩土体卸载作用产生变形，同时具有减小位移的遮拦效应。深基坑支护结构的集约化设计就是既保证地下结构安全又利用地下结构减少荷载的作用。随着国家城市战略实施，以轨道交通为标志的中心城市在国民经济与社会发展中的地位越发重要，地下结构群深基坑集约化设计理论和建造技术将成为中心城市建设及安全的迫切需求，也是基础结构科技进步支撑国家城市战略的重要创新方向。

本书以地下结构群深基坑为研究对象，以明确深基坑集约化设计理论为目标，建立了深基坑三维整体设计法；通过复合地基与近接基坑支护结构的试验研究，揭示既有地下结构群体存在且共同作用；以基坑支护与地下室外墙为地下结构群特例提出深基坑永久支护结构主动设计理念和理论；阐释了地下结构群深基坑全过程变形组成与针对既有结构全生命周期的监测系统。立足10余年的研究成果，广泛学习、借鉴国内外优秀文献，提出了基坑深度效应、深浅基坑界限、三维整体设计法、深基坑工程系统、结构岩土化、岩土结构化、永久支护结构、全生命周期监测等新理念、新理论和新方法，揭示了现状深基坑支护临时性措施浪费、污染弊病，展示了建立城市深基坑决策系统的必要性和紧迫性，明确了深基坑永久支护结构是高质量发展的重要方向，提升了基坑工程在土木工程的专业地位和影响力，可供基坑工程工作者参考、借鉴和指正。

感谢我的研究生符庆宏、黄佳佳、刘嘉典、成晓阳、刘兵、张强、邢宏侠、陈天宇、张永磊、王雷、侯颖雪、白璐、季相凯、周婷婷、张树龙、鲁芬婷、侯颖雪、李胜群、赵仕磊等同学的研究工作，他们的成长需求和具体努力夯实了本书的理论基础，激励了作者对基坑工程始终如一的专注和推动。

感谢我的同事于洋老师为本书封面创作了图案素材，呈现了深基坑工程系统及其与地下结构群的相互影响。

祝愿本书能为我国基坑工程理念、理论和技术进步发挥一定积极作用。

李连祥

2023 年 5 月 3 日于山东大学千佛山校区

目　　录

第1章 绪论

现有《建筑基坑支护技术规程》JGJ 120[1]奠定了我国基坑工程的理论基础，明确了基坑支护的设计方法，要求基坑施工过程实施第三方监测。该规范主导基坑工程建设 20 年来，设计人员一般利用主体建筑岩土工程勘察报告提供的岩土参数，通过支护结构选型，借助规范形成的商业分析软件，采用平面单元法计算验证，完成设计，组织施工。基坑开挖过程中第三方进行边坡与环境位移或应力场监测，对比环境变形经验控制设计值和实际监测值，判断基坑支护结构与环境施工过程状态，保证地下结构施工安全。

穿梭于都市越来越密的街区，体会城市 CBD 高楼大厦的亲密，感受地铁与周边设施如织的人流……中国城镇化历程记录了基坑工程的快速成长—平面尺寸越来越大，深度越来越深，周边环境越来越复杂—基坑工程进入新时代！

城市地铁建设是基坑工程新时代的标志之一。截至 2020 年 12 月 31 日，我国城市轨道交通运营总里程约 7655km，通车城市 43 个[2]，地铁车站及其周边地块地下空间商业开发，推动地铁建设城市基坑工程发展成为"深"基坑。

1.1 深基坑工程新挑战

深基坑工程新挑战根源在于地下结构群环境和越来越深的需要，由此引发中心城市新建工程基础结构设计理论和建造方法的思考和进步。既有结构存在和支护结构越来越深，使得现有支护结构水平荷载的经典土压力计算方法不再适用；常规岩土勘察获得的岩土体参数难以符合拟建基坑支护结构的施工工艺和工作性状；二维计算方法无法揭示深基坑开挖、地下水位降低、既有结构变形等复杂叠加的空间效应；基坑监测数据及其变形控制决策依据尚未真正实现保证结构全生命周期的持续安全。

1.1.1 水平荷载计算

1. 现行支挡结构荷载计算方法[1]

作用在支护结构外侧、内侧的主动土压力强度标准值、被动土压力强度标准值计算模型如图 1-1 所示，方法如下：

（1）对于地下水位以上或水土合算的土层

$$P_{ak} = \sigma_{ak}K_{a,i} - 2c_i\sqrt{K_{a,i}} \tag{1-1}$$

$$K_{a,i} = \tan^2\left(45° - \frac{\varphi_i}{2}\right) \tag{1-2}$$

$$P_{pk} = \sigma_{pk}K_{p,i} + 2c_i\sqrt{K_{p,i}} \tag{1-3}$$

$$K_{p,i} = \tan^2\left(45° + \frac{\varphi_i}{2}\right) \tag{1-4}$$

式中：P_{ak}——支护结构外侧，第i层土中计算点的主动土压力强度标准值（kPa）；当$P_{ak} < 0$时，应取$P_{ak} = 0$；

σ_{ak}、σ_{pk}——分别为支护结构外侧、内侧计算点的土中竖向应力标准值（kPa）；

$K_{a,i}$、$K_{p,i}$——分别为第i层土的主动土压力系数、被动土压力系数；

c_i、φ_i——第i层土的黏聚力（kPa）、内摩擦角（°）；

P_{pk}——支护结构内侧，第i层土中计算点的被动土压力强度标准值（kPa）。

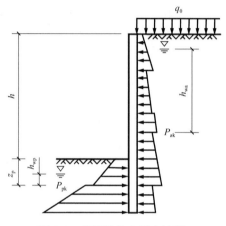

图 1-1　支挡结构土压力计算

（2）对于水土分算的土层

$$P_{ak} = (\sigma_{ak} - u_a)K_{a,i} - 2c_i\sqrt{K_{a,i}} + u_a \tag{1-5}$$

$$P_{pk} = (\sigma_{pk} - u_p)K_{p,i} + 2c_i\sqrt{K_{p,i}} + u_p \tag{1-6}$$

式中：u_a、u_p——分别为支护结构外侧、内侧计算点的水压力（kPa）。

2. 水平荷载计算的理论基础

基坑支护结构的水平荷载源于土力学支挡结构的土压力理论，实质是朗肯土压力[3]。

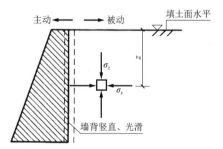

图 1-2　朗肯土压力分析模型

但是朗肯土压力分析模型如图 1-2 所示，具有鲜明的假设条件。

（1）土体

墙后填土为具有水平表面的半无限体。

（2）墙体

墙体为刚体，墙背垂直光滑，高度不大，不变形，发生平动或转动。

（3）主、被动土压力对应的墙体位移（图 1-3）

大量研究表明[3]，挡土墙达到主动土压力时，墙体最大位移需达到$(0.1\% \sim 0.5\%)H$（墙体高度）；而被动土压力需要墙体推动土体产生$(1\% \sim 5\%)H$的位移。

（4）主、被动土压力的误差

朗肯土压力理论假设挡土墙墙面垂直光滑，这样，主、被动土压力垂直于挡土墙面，保持水平（图 1-4 中力的三角形 E_a、E_p）。工程实际墙体一般为混凝土，墙面与回填土体存在摩擦力，主、被动土压力应该为图 1-4 中 E_a'、E_p'。显然，采用朗肯土压力理论主动土压力偏大，被动土压力偏小，利于工程安全。

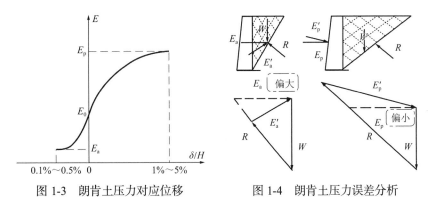

图 1-3　朗肯土压力对应位移　　　　图 1-4　朗肯土压力误差分析

（E_a、E_p、E_0 分别对应主动、被动、静止土压力）

3. 深基坑支护结构的变形与土压力分布异常复杂

（1）基坑支护结构是柔性的

已有研究表明，基坑支护结构因支撑布置、开挖顺序、施工方法等因素不同，表现出柔性特征，具有多种变形模式。龚晓南院士将支护结构变形总结为悬臂、踢脚、内凸和复合四种模式[4]，如图 1-5 所示。支护结构不同变形模式对应不同土压力分布（图 1-6），土压力分布规律呈现明显的非线性特征[3]。

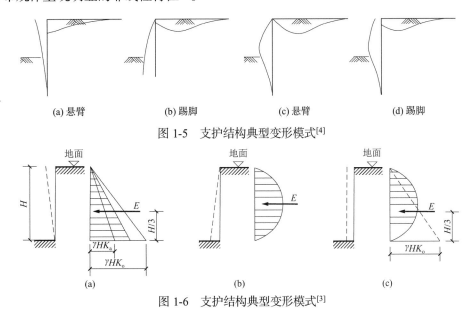

(a) 悬臂　　　　　(b) 踢脚　　　　　(c) 悬臂　　　　　(d) 踢脚

图 1-5　支护结构典型变形模式[4]

图 1-6　支护结构典型变形模式[3]

因此，现有基坑支护结构水平荷载计算采用朗肯土压力理论，理论背景与基坑支护结构实际性状存在明显差异，尽管现有方法使得支挡结构水平荷载偏大，但却没有反映基坑支护结构与土体共同工作实际。

（2）深基坑支护结构变形及其土压力分布更复杂

郑刚教授曾结合天津站交通枢纽工程，完成了截面尺寸 2.8m×1.2m 深 48m 地下连续墙水平推力足尺试验[5]（图 1-7）。结果表明天津软土条件下，800mm 厚的地下连续墙变形性状明显，且水平变形主要分布在地面以下 5m 范围内 [图 1-7(a)]。地下连续墙弯矩 [图 1-7 (b)]、土压力 [图 1-7(c)] 主要存在于 15m 的深度范围里。其下 33m 深度墙体变形和内力均很小。

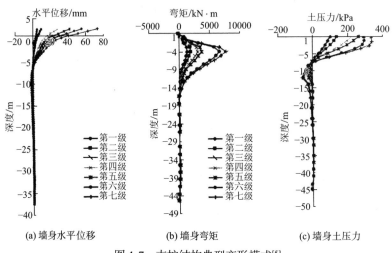

(a) 墙身水平位移   (b) 墙身弯矩   (c) 墙身土压力

图 1-7   支护结构典型变形模式[5]

廖少明[6]教授曾对苏州地区 36 个基坑进行了实测分析（图 1-8），支护结构土压力峰值包络线出现在开挖面下$(0.21\sim0.64)H$（开挖深度 15.7m）。李涛[7]教授测得北京地铁 10 号线开挖 18.66m 某深基坑支护结构土压力随着埋深的增加按照线性分布逐渐增加，如图 1-9 所示，但实测值远小于朗肯土压力计算值。到基坑底上 2m 左右时，土压力不再随深度的增加而发生变化。尽管深基坑土压力研究寥寥，但上述成果说明深基坑土压力在基坑开挖面上达到峰值，基底以下土压力可能处于较低水平。

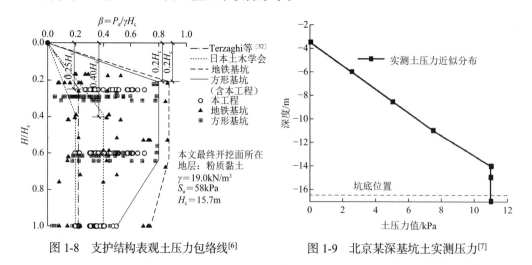

图 1-8   支护结构表观土压力包络线[6]   图 1-9   北京某深基坑土实测压力[7]

城市、中心城市更快发展，20m 以上乃至超过 30m 以上深基坑已经常见，深基坑支护结构土压力相关研究和成果却很少。随着基坑的加深，支护结构与挡土墙的差异越来越大，深基坑支护结构承担的土压力采用朗肯土压力理论分析需要深入研究和论证，在现有设计方法基础上，对深基坑支护结构计算分析提出严格的方法要求，将有利于城市建设管理与可持续发展。

1.1.2 岩土勘察方法

基坑工程自始以来，一直定位于施工措施，"临时性"[1]设计理念"厚植大众，深入人心"。因此，基坑工程的勘察只能是主体勘察的从属，尽管《岩土工程勘察规范》GB 50021—2001[8]和《建筑基坑支护技术规程》JGJ 120—2012[1]对基坑工程设计勘察有明确要求，但在实际岩土工程勘察具体工作中基本上只是报告中给予适当建议。随着基坑深度的跳跃式发展，支护结构与土体相互作用越发复杂，现有岩土工程勘察能力不断受到挑战。

1. 岩土勘察认识和能力的局限

（1）对基坑工程的勘察缺乏足够重视

因为基坑工程是临时性工程，对于基坑工程重要性的认识远远脱离深基坑支护的复杂程度，大多时候没有勘察报告、没有基础资料就让技术人员完成设计方案。设计人员在市场上环境的驱使下，盲目被动应付。

（2）岩土工程勘察缺乏对基坑支护结构的理解

岩土工程勘察是为结构设计服务。结构与岩土的相互作用，或者结构正常工作时岩土性状是岩土勘察的导向。由于勘察技术人员多出身于地质有关的水、工、环专业，缺少对支护结构施工工艺和正常工作的认识，难以从支护结构施工过程把握与其接触的岩土单元的应力历史和状态（图1-10）。只能依托主体建筑基础选型大致建议基坑工程相关参数，至于参数的真实性与合理性缺乏深入思考和探究。

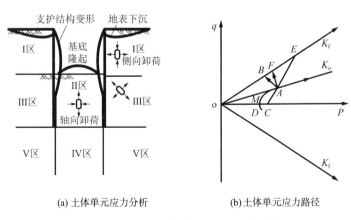

(a) 土体单元应力分析   (b) 土体单元应力路径

图 1-10 基坑开挖周边土体应力特征[9]

（3）服务于支护结构设计的勘察测试技术

图1-10[9]是一典型深基坑支护结构与周边土体单元在土方开挖过程的应力特征。深基坑土方开挖，坑内卸载，坑外主动区土体位移对支护结构施加侧压力，此时基坑外侧坑深范围内土体单元变形，其第一主应力由自重应力转化侧压力。随支护结构锚杆或支撑施工，

支护结构邻近土体单元侧向加载，支护结构主动区土体单元反复经历卸载再加载过程。基坑岩土勘察要针对土体单元与支护结构的共同作用，按照土体单元真实受力进行勘察测试。

目前，岩土勘察技术人员基本不是基坑设计人员，勘察阶段主体地下结构尚未设计，基坑支护更无法估计，即使具备概念方案，现有基坑工程计算方法难以预测图1-10（a）中各区单元卸载、加载受力，无法根据土体单元受力变化针对性测试。况且现在勘察市场价格不具备深入勘察的动力。因此只能依据主体勘察提供的常规三轴（图1-10（b）*ODAE*）或者直剪指标对深基坑支护结构设计提出粗糙数据。

2. 规范规定的岩土参数取值缺乏针对性

行业规范[1]规定了基坑支护结构土压力及水压力计算、土的各类稳定性验算时，土、水压力的分、合算方法及相应的土的抗剪强度指标取值方法：

（1）对地下水位以上的各类土，土压力计算、土的滑动稳定性验算时，对黏性土、粉质黏土，土的抗剪强度指标应采用三轴固结不排水抗剪强度指标c_{cu}、φ_{cu}或直剪固结快剪强度指标c_{cq}、φ_{cq}，对砂质粉土、砂土、碎石土，土的抗剪强度指标应采用有效应力强度指标c'、φ'。

（2）对地下水位以下的黏性土、粉质黏土，可采用土压力、水压力合算方法，土压力计算、土的滑动稳定性验算可采用总应力法；此时，对正常固结和超固结土，土的抗剪强度指标应采用三轴固结不排水抗剪强度指标c_{cu}、φ_{cq}或直剪固结快剪强度指标c_{cu}、φ_{cq}，对欠固结土，宜采用有效自重压力下预固结的三轴不固结不排水抗剪强度指标c_{uu}、φ_{uu}。

（3）对地下水位以下的粉土、砂土和碎石土，应采用土压力、水压力分算方法，土压力计算、土的滑动稳定性验算应采用有效应力法；此时，土的抗剪强度指标应采用有效应力强度指标c'、φ'，对砂质粉土，缺少有效应力强度指标时，也可采用三轴固结不排水抗剪强度指标c_{cu}、φ_{cu}或直剪固结快剪强度指标c_{cq}、φ_{cq}代替，对砂土和碎石土，有效应力强度指标φ'可根据标准贯入试验实测击数和水下休止角等物理力学指标取值；土压力、水压力采用分算方法时，水压力可按静水压力计算；当地下水渗流时，宜按渗流理论计算水压力和土的竖向有效应力；当存在多个含水层时，应分别计算各含水层的水压力。

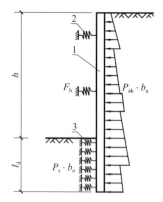

1—挡土构件；2—由锚杆或支撑简化而成的弹性支座；3—计算土反力的弹性支座

图 1-11 弹性支点法力学模型[1]

综合分析现阶段岩土工程勘察现状，依据深基坑支挡结构与岩土单元工作性状，对比行业规范[1]规定勘察及其岩土工程参数取值方法，现有勘察难以满足深基坑支护结构设计的要求。

1.1.3 单元设计方法

1. 单元计算变形与理论认知存在偏差

目前，深基坑支挡式结构主要采用平面杆系结构弹性支点法，力学模型见图1-11。其计算单元宽度一般为支护桩、墙的单幅或桩间距[1]，对应支护结构坑外地表沉降选择了三种模式[10]，如图1-12所示，坑外地表沉降范围按照式(1-7)估算：

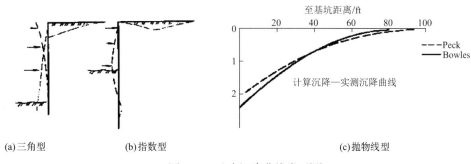

(a)三角型   (b)指数型   (c)抛物线型

图 1-12 地表沉降曲线类型[10]

$$x_0 = H_\mathrm{g} \tan\left(45° - \frac{\varphi}{2}\right) \tag{1-7}$$

式中：H_g——支护墙体长度；

φ——支护墙体穿越土层的平均内摩擦角。

因此，按照行业规范[1]方法，采用理正深基坑软件获得支挡结构地面沉降范围约为挡土构件长度。

根据大量数值分析和实测研究结果，基坑工程系统范围与地质条件密切相关，图 1-13 是郑刚教授基于天津典型地层，采用 HSSM（小应变强化模型，下同，不再注明。），获得开挖深度 18m 基坑地表沉降与水平位移影响范围为 4～6 倍开挖深度[11]。刘嘉典[12]分析济南典型土质基坑地表沉降影响范围在 2.5～3.0 倍的开挖深度，而上土下岩基坑在 1.5～2.0 倍的开挖深度。

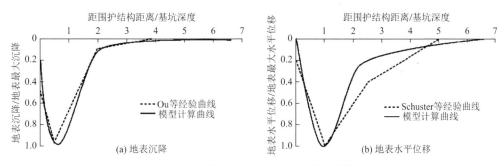

(a) 地表沉降   (b) 地表水平位移

图 1-13 深基坑开挖地表变形范围[11]

这说明现行弹性支点法[1]预测的深基坑地表变形存在局限，不能准确、全面、整体评估基坑工程变形范围及其以内主要设施的位移，需要按理论研究的进展修正。

2. 单元计算无法揭示基坑变形的空间特征

深基坑地下结构群环境多种多样，正如上述，单元计算往往以支护桩墙单位宽度为研究对象，支护结构按照平面应变问题分析。但基坑往往是闭合空间，基坑侧壁各侧均受到相邻两侧边坡的约束。已有成果[6]证明基坑空间效应显著，且阳角、阴角各有特征[13]（图 1-14），弹性支点法较适用于基坑一侧边坡中部单

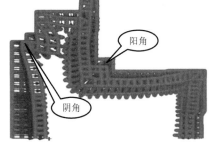

图 1-14 复杂形状基坑变形示意图[13]

元土体条件下的支护桩墙与支撑刚度计算。当拟建基坑周边存在既有结构，已建结构或地下空间置换了原本土体，弹性支点法就不再适用，更无法获得基坑空间变形规律如基坑角部特别是阳角的位移特征，从而无从预估基坑阳角等关键部位既有设施的可能真实变形。

1.1.4　变形控制的局限

基坑工程变形包含支护结构施工、土方开挖、基坑降水、地下结构施工、肥槽回筑等全过程，现有设计工具预测基坑工程变形的局限性主要表现为：

1. 更多关注开挖产生的影响

图 1-11、图 1-12 模型计算结果主要是开挖产生的位移。目前数值分析也是主要模拟开挖，展现的土体变形集中在开挖阶段。工程界广泛认识到地下水位降低产生的沉降，但由于变形预测工具仅限于开敞式降水模型[1]，降水引起的位移很少与开挖合并，常常忽略地下水位降低带来的变形影响。

2. 难以预测周边既有结构的位移

平面单元法仅适合土体环境的变形，当基坑周边存在既有结构，既有结构现状、变形与遮拦作用无法体现时，支护结构决策就不能准确控制和保护既有结构安全。同时，支护结构施工、地下水位降低对既有结构承载能力与变形影响不可忽略，现有设计水平难以满足地下结构群深基坑变形控制要求。

1.1.5　基坑监测形式化

基坑工程监测形式化表现为两个方面：

1. 监测目的不突出

监测是必须行为，目的是根据监测显示的支护和既有结构数据为信息化施工和优化设计提供依据[14]。每个基坑工程设计方案都坚持"信息化施工、动态设计"原则，但基本按照规范[14]要求进行监测，与现场地质和周边环境、支护单元做法鲜有联系，"为监测而监测"特点显著。实际上，监测的目的是显示支护结构和既有环境工作现状，即结构的功能发挥情况，设计方案预测是否准确，既有结构是否稳定。所以，表面是执行规范，但却掩盖了实质。

2. 监测的阶段性

以周边环境为例，当既有结构位于变形范围时，监测一般根据现有常规技术布置，只针对本基坑对既有结构的影响。但既有结构一般 50～100 年使用期限，如果邻近再有基坑或其他地下工程影响该既有结构，原有监测点与变形数据可能无从查找。监测的阶段性、无法持续使得数据缺乏针对性和耐久性。

1.2　深基坑工程新特点

国家明确规定"地铁主要服务于城市中心城区和城市总体规划确定的重点地区，申报建设地铁的城市一般公共财政预算收入应在 300 亿元以上，地区生产总值在 3000 亿元以上，市区常住人口在 300 万人以上[15]"，结合目前已经开通地铁的城市，可以明确地铁运行是区域中心城市的基本特征。由此推断，地铁建设让中心城市深基坑走进新时代。

1.2.1 基坑工程新概念

在既有标准、规范[1,16]体系中，以基坑称谓为主，但相关管理规定[17]一般"将深度超过5m的基坑"叫做"深基坑"。因此，对于通常所说基坑与深基坑并没有多少实质性区别。2010年12月郑刚教授出版了《深基坑工程设计理论及工程应用》[5]，首次将"深度小于10m的基坑称为浅基坑；深度10～20m称为深基坑；深度大于20m为超深基坑"。强调与浅基坑相比较，深基坑工程是一个极其复杂的系统工程，影响因素更多，危险系数更大，发生事故时的危害程度也更大。如何从加强土压力确定、变形分析与控制、稳定性分析与控制等关键问题的研究，提高深基坑工程理论和实践水平，成为城市发展的急迫需求。由此，"基坑"与"深基坑"的区别开始得到关注。

但10多年过去了，业内深基坑概念并没有形成共识，基坑与深基坑区别以及深基坑理论认知并未得到高度重视，依然在已有理论和方法基础上[1]，完成了数以万计的深基坑。2019年李连祥[18]、刘嘉典[12]基于济南地层不同本构模型应用于深大基坑数值分析比较，发现基坑"深度效应"现象，提出深、浅基坑"临界深度"概念[18]，从而以开挖深度确立"深基坑"决策方法，标志基坑工程决策进入新阶段。

1. 深、较深、浅基坑

（1）深度效应

同一基坑数值模拟，采用土的M-CM（摩尔-库仑模型，下同，不再注明）与HSSM，两种方法支护结构与周围环境变形差值随开挖深度越来越大的现象，称为"深度效应"（图1-15所示，工况4对应开挖至10m，工况8、11分别对应开挖至15.5m和20m，工况5、7、10对应−7.6m、−13.8m和−17.5m加撑）。

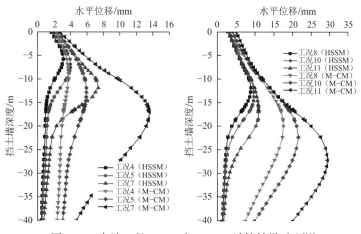

图1-15 车站工程 HSSM 与 M-CM 计算结果对比[18]

（2）临界深度

采用M-CM与HSSM的支护结构与周围环境变形差值超过该深度监测预警值[7]30%时（MC-M和HSS模型开挖至15.5m时，二者相差0.63‰H，H为基坑开挖深度），认为该深度为基坑进行三维与常规分析的"临界深度"。

（3）基坑、较深基坑、深基坑划分

"深度效应"决定基坑"临界深度"，表明超过临界深度的基坑应选用HSSM进行三维数值模拟整体计算，因此将开挖深度大于临界深度的基坑定义为"深基坑"。

目前，国内标准[1,4]缺乏对深、浅基坑的明确界定。工程界一直以 10m 以上深度定义支护结构安全等级一级基坑[19,20]，安全等级一级的基坑一般选型支挡式结构[1]。因此，10m 以上深度称作深基坑并选用锚拉式或内撑式桩、墙支护[1]结构业内具有普遍认可度。考虑临时支挡构件造价较大，为将其"永久化"[21]，定义 10m 以上至临近深度基坑为"较深基坑"。

为方便，除非特别说明，浅基坑就称为"基坑"。这样，基坑就划分为（浅）基坑、较深基坑、深基坑。

（4）深、浅基坑分类的目的

划分深、浅基坑在于强调深、浅基坑支护结构的不同力学性状，明确设计决策不同的计算理论和分析软件，从而保证基坑设计决策的科学性和适应性。深基坑应采用 HSSM 模型的三维整体数值模拟；深、较深基坑应采用永久支护结构[22]；浅基坑应选择全回收基坑支护结构[23,24]。较深、浅基坑可采用 M-CM 数值分析或平面单元法计算。

2. 城市深基坑

基于城市典型地貌与岩土工程性质决定的超过临界深度的基坑称作该城市的深基坑。基坑工程集中于城市，城市地质和岩土特征决定基坑工程理论和技术。由于城市地质和岩土条件不同，深、浅基坑临界深度不同，因此应以城市为单位确定深基坑临界深度，从而指导不同城市深基坑科学决策。

3. 深基坑工程系统

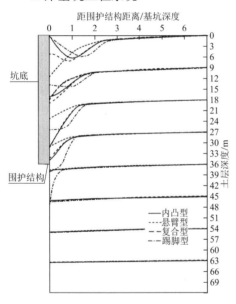

图 1-16　支护结构典型变形模式
坑外深层土体位移曲线对比[11]

"深基坑"只是反映了基坑开挖过程土体不同本构模型应力历史和状态的影响，是否能够揭示"深、浅"基坑应力、位移场本质不同，还需未来研究完善，特别是周边环境复杂基坑。郑刚教授采用三维有限元方法，精细化研究了不同围护结构变形模式对坑外深层土体位移场影响[11]，指出不同支护结构变形模式坑外位移场的不同显著变化区域（图 1-16），建议支护结构设计充分考虑坑外环境设施性状及其位置，针对性调整支护结构变形模式，保证既有设施处于坑外变形相对安全区域。

上述成果和已有大量研究表明，无论采用何种支护方法，每个开挖基坑周围一定范围内土体以及相关设施就会相应变形，因此以基坑工程涉及的支护结构、岩土开挖、地下水控制等工程内容及其施工效应影响、通过监测技术可感知的由岩土体和既有环境组成的三维空间称为基坑工程系统[25]，描述或界定基坑土方开挖、支护结构施工等对周围环境的影响范围[26]（图 1-17），包括范围内的土体及既有建（构）筑物与设施等一切物体的总和。

不同场地、地质、环境与支护结构的基坑工程系统不同。基坑工程系统既体现范围边界，又包含系统内支护结构、土体与既有设施、环境等内容的区别。内容和范围互相联系，内容决定范围，范围限定内容。

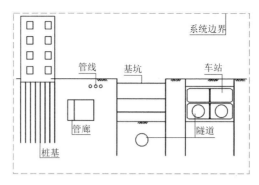

图 1-17　基坑工程系统示意图[26]

1.2.2　深基坑工程新环境

改革开放以来，我国经历了世界历史上规模最大、速度最快的城镇化进程，城市发展波澜壮阔，城市建设成为现代化发展的重要引擎。从京津冀、长三角、珠三角到粤港澳大湾区、长江经济带、长三角一体化，突出体现中心城市、城市群发展成为重大国家战略。

地铁建设是中心城市的必须基础，地铁线路串起城市人流、物流，地铁车站成为城市综合体的核心，地铁车站基坑多处于地下结构群的包围之中，地铁周边地块物业开发和改造又使得地铁已建车站成为邻近新建基坑的环境（图 1-18，1、6 号线车站处于广场基坑之中。其中任何基坑相邻处地下结构群体存在，某一基坑受到周边既有结构影响）。逐步密集的既有地下结构正在成为拟建深基坑工程的鲜明特征，因此地下结构群已成为中心城市深基坑的新环境。

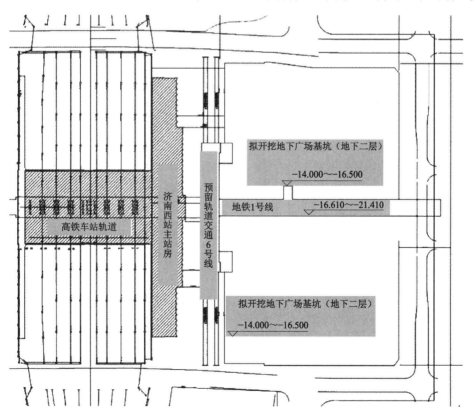

图 1-18　济南西站站前广场基坑示意图

1.2.3　深基坑工程新方法

　　地下结构群环境的深基坑支护结构设计，不仅要保护相邻既有结构如图 1-19 所示隧道、图 1-20 所示车站等安全，还需考虑这些已建结构对其后土体的遮拦作用，即对基坑支护结构岩土压力的分担。因此，深基坑面临新环境，新环境改变并要求新方法，深基坑设计决策应该体现既保护既有结构安全、又要利用既有结构支护作用的理念，即集约化设计。

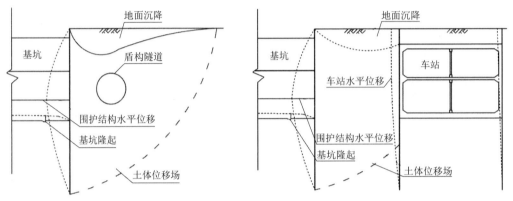

图 1-19　基坑与隧道的相互影响[26]　　　　图 1-20　基坑与车站的相互影响[26]

　　集约化设计方法以既有结构安全变形控制为原则，利用既有结构安全变形条件下的遮拦作用，实现保护和利用的统一。随我国城市战略的推进，地下结构群环境已成为中心城市深基坑的本质特征。工程地质的地域性、地下结构的多样化及其服役性状的阶段性，都将影响深基坑工程及其效应。深基坑集约化设计理论和建造技术不仅是中心城市进一步发展的重大需求，更是基础结构领域科技进步的紧迫期望，对保证城市建设安全和可持续具有重要意义。

1.3　深基坑工程新进展

　　地下结构群环境的深基坑集约化设计，促进深基坑工程理论关注不同结构存在，考虑既有结构与支护结构的相互作用；正视传统解析理论面对土体与结构联合作用的挑战，明确结构群环境基坑支护结构应力、位移计算方法；结合深基坑全过程变形控制，强调支护结构施工、地下水控制和基坑开挖等对既有结构的影响；充分利用施工监测，让监测点永久使用，促进百年设计理念逐步落实。

1.3.1　三维整体设计法

　　深基坑环境越来越复杂，基坑工程系统内既有结构多种多样，支护结构荷载不能沿用经典土压力理论，解析解不可能完成支护结构分析。基于数值分析的深基坑三维整体设计法，明确了深基坑数值分析软件平台，确立了适应深基坑土体变形和受荷过程的土体本构模型，掌握了获得相应土体参数的综合方法，突出了赋予数值模型科学性的途径，实践了深基坑主动变形控制理念，示范了集约化和动态设计的真正落实，形成了深基坑勘察、设计、施工、监测各专业密切协同的综合决策机制。

1.3.2　集约化结构分析理论

基坑工程为主体地下结构建设提供安全保护和工作空间，支护与地下结构是同属于一个项目的地下工程系统。基坑支护因建设地下结构而存在，主体结构因支护措施才能顺利施工。

随着城市开发密度加剧，特别是地铁车站综合体扩建[27]，新建基坑常常邻近复合地基、群桩基础的既有建筑或既有车站及地铁运行线路，基坑工程集约化结构分析理论需要考虑复合地基、群桩、隧道等安全变形，以及安全变形状况自身刚度对支护的遮拦作用，从而实现既有结构安全风险的准确控制与新建基坑支护的经济和高效。

同时，在临时性理念下，深基坑支挡与地下室主体结构同时存在、共同作用，支护结构尽管定位是临时的，但永久存在，一直是地下结构的一道屏障。现有结构设计地下室外墙应以支护为环境，考虑临时支护的永久作用，集约化设计地下结构。

1.3.3　永久支护结构

深基坑支护与地下主体外围结构是地下结构群环境深基坑与地下结构相互作用的特例，明确基坑工程设计理念的演进，建立"顶层设计"基础上的"岩土结构化"方法，实现基坑支护与地下主体结构协同设计，促进深基坑永久支护结构落地，将极大推动我国基坑理论丰富和基础理论变革。

1.3.4　基坑环境的全过程变形

基坑工程行为通过岩土体卸载后作用周边环境，反过来周边环境约束基坑工程系统。基坑开挖、降水与支护结构施工效应是影响既有结构的主要因素，周边环境不同典型结构对基坑阶段性响应不同。基坑支护结构有效控制既有结构敏感反应不仅需要掌握各种典型结构的变形规律，还要在支护结构选型等方面体现针对性。

1.3.5　全生命周期监测

基坑工程根本目的是建设主体结构和保证既有结构安全。但每个基坑都是阶段性的，但既有结构全生命周期可能受到多个基坑不同阶段的干扰，掌握既有结构性状需要监测设施的连续性、可靠性。因此，一方面提升典型地下结构施工监测设施的永久利用；另一方面还要针对典型结构工作特点确定反映真实性状的监测方法。

1.4　本章小结

地铁建设使基坑工程建设进入新时代。城市轨道交通是中心城市的基本标志，地下结构群环境是中心城市深基坑的本质特征。面对新挑战，明确新特点，提出新方法，强调地下结构群深基坑集约化分析理论和设计方法不仅是国家城市战略的迫切要求，更是基础结构科技服务经济建设主战场的重要支撑。

参 考 文 献

[1]　住房和城乡建设部. 建筑基坑支护技术规程: JGJ 120—2012 [S]. 北京: 中国建筑工业出版社, 2012.

[2] 叶晓平, 冯爱军. 中国城市轨道交通 2020 年数据统计与发展分析[J].隧道建设（中英文）, 2021, 41(5): 871-876.

[3] 卢廷浩. 土力学[M]. 2 版. 南京: 河海大学出版社, 2014.

[4] 龚晓南, 高有潮. 深基坑工程设计施工手册[M]. 北京: 中国建筑工业出版社, 1998.

[5] 郑刚, 焦莹. 深基坑工程设计理论及工程应用[M]. 北京: 中国建筑工业出版社, 2010.

[6] 廖少明, 魏仕锋, 谭勇. 等. 苏州地区大尺度深基坑变形性状实测分析[J]. 岩土工程学报, 2015, 37(3): 458-469.

[7] 李涛, 关辰龙, 霍九坤. 等. 北京地铁车站深基坑主动土压力实测研究[J]. 西安理工大学学报, 2016, 32(1): 186-191.

[8] 住房和城乡建设部. 岩土工程勘察规范: GB 50021—2001（2009 年版）[S]. 北京: 中国建筑工业出版社, 2009.

[9] 童华炜, 邓祎文. 土体K_0固结-卸荷剪切实验研究[J]. 工程勘察, 2008(5): 13-16.

[10] 刘国彬, 王卫东. 基坑工程手册[M]. 2 版. 北京: 中国建筑工业出版社, 2009.

[11] 郑刚, 邓旭, 刘畅, 等. 不同围护结构变形模式对坑外层土体位移场影响的对比分析[J]. 岩土工程学报, 2014, 36(2): 273-285.

[12] 刘嘉典. 深基坑整体设计法与济南典型地层小应变参数取值研究[D]. 济南: 山东大学, 2020.

[13] 李连祥, 成晓阳, 黄佳佳, 等. 济南典型地层基坑空间效应规律研究[J]. 建筑科学与工程学报, 2018, 35(2): 94-103.

[14] 住房和城乡建设部. 建筑基坑监测技术标准: GB 50497—2019[S]. 北京: 中国计划出版社, 2020.

[15] 国务院. 国务院办公厅关于进一步加强城市轨道交通规划建设管理的意见: 国办发〔2018〕52号[Z].

[16] 住房和城乡建设部. 建筑地基基础设计规范: GB 50007—2011[S]. 北京: 中国建筑工业出版社, 2012.

[17] 住房和城乡建设部. 关于印发《危险性较大的分部分项工程安全管理办法》的通知: 建质〔2009〕87 号[Z].

[18] 李连祥, 刘嘉典, 李克金, 等. 济南典型地层 HSS 参数选取及适用性研究[J]. 岩土力学, 2019, 40(10): 1-10.

[19] 建设部. 建筑地基基础工程施工质量验收规范: GB 50202—2002[S]. 北京: 中国建筑工业出版社, 2004.

[20] 上海市住房和城乡建设管理委员会. 上海市基坑工程技术规范: DG/TJ 08—61—2018[S]. 上海: 同济大学出版社, 2018.

[21] 李连祥, 侯颖雪, 陈天宇, 等. 深基坑支护理念演进和设计方法改进剖析[J/OL]. 建筑结构. https://doi.org/10.19701/j.jzjg.20220137.

[22] 李连祥, 李胜群, 邢宏侠, 等. 深基坑岩土结构化永久支护理论与设计方法[J/OL]. 建筑结构. https://doi.org/10.19701/j.jzjg.20220133.

[23] 李连祥. 土岩双元深基坑工程[M]. 北京: 中国建筑工业出版社, 2022.

[24] 中国工程建设标准化协会. 全回收基坑支护技术规程: T/CECS 1208—2022[S]. 北京: 中国建筑工业出版社，2022.

[25] 山东省住房和城乡建设厅. 土岩双元基坑支护技术标准: DB 37/T 5233—2022[S]. 北京: 中国建筑工业出版社, 2023.

[26] 张强. 平行地铁基坑近接结构群相互影响研究与相关结构设计优化[D]. 济南: 山东大学, 2021.

[27] 雷升祥. 城市地下空间更新改造网络化拓建关键技术[M]. 北京: 人民交通出版社, 2021.

第 2 章 深基坑三维整体设计法

基坑开挖造成的岩土体卸载对基坑周边既有结构施加影响，形成"基坑开挖—岩土卸载—支护变形—坑外土体位移—地下结构群变形"基坑周边环境运动机制。保证既有地下结构安全就是要控制正常功能发挥的变形，因此，基坑支护设计实际由既有地下结构安全变形决定支护结构最大位移，反过来由支护结构最大位移确定既有结构安全变形，支护结构与既有结构彼此依赖，通过其间岩土互相支撑，形成"既有地下结构—岩土—支护结构"共同工作机制。

现有基坑理论以经典土压力理论为基础，按照弹性半无限空间，视基坑外围全部是土，按照解析解计算支护结构土压力。由此可以推断，多种既有结构条件影响的环境难以形成解析理论准确估计集约化作用。现有数值分析方法广泛运用于深基坑工程的实践已经证明[1-5]，数值模拟必将成为保证地下结构群环境安全与风险控制的集约化设计工具。

2.1 数值分析在深基坑决策的应用与感悟

相比上海、天津地区软土，山东特别是济南岩土工程条件良好，加上城市发展水平局限，济南基坑工程一般规模不大，环境条件也不复杂。2008 年以来，京沪高铁建设为西部新城开发带来机遇，也将基坑工程复杂程度提高到新水平，从而为数值分析应用于深大基坑工程决策提供了舞台。

2.1.1 地下水控制系统最佳帷幕深度决策[6,7]

1. 工程概况

济南西站是京沪高铁沿线五大始发站之一。济南西站市政配套工程包括东广场地下工程、过街地道工程、北综合体、南综合体、人防工程、轨道交通 1、6 号线土建预留工程等单体工程，共同形成站前广场，需要同时开挖一个大基坑，支护范围约 470m×350m，见图 2-1。基坑西侧紧邻京沪高铁主站房，主站房西侧为高铁路基。站前广场西侧预留济南轨道交通 6 号线，广场地下结构外墙距高铁路基约为 85m。基坑挖深大部分 14m，北区酒店综合楼双塔和南区高层办公楼区域挖深 16.5m，预埋地铁 1 号线挖深 16.41~21.41m，由西向东中穿广场地下结构。站前广场基坑工程地下水降深约 10m，北区酒店综合楼和南区高层办公楼区域水位降深 13m，预埋地铁 1 号线降深 14~19m，控制地下水位自然地坪下12.5~22m。基坑开挖阶段，京沪高铁济南西站段已经铺轨，为保证高铁路基"零沉降"并满足车站运营建设进度需要，开展了"济南市西客站片区场站一体化（站区配套设施）工程东广场基坑工程设计优化研究"，应用数值分析，重点比较不同截水帷幕深度与降水周期对高铁路基的影响，确定最佳帷幕深度。

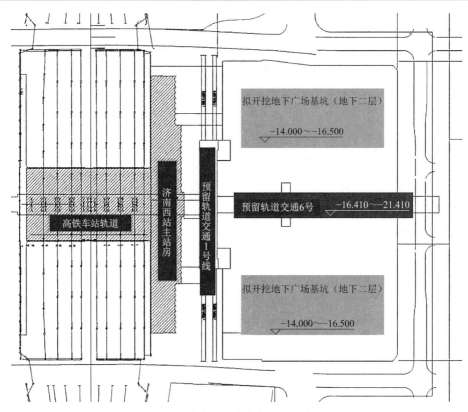

图 2-1 济南西站东广场基坑示意图

2.地下水控制方案

1）截水帷幕

采用高压摆喷，摆角 30°间距 1000mm，喷射帷幕墙厚度和搭接长度均不小于 200mm。桩顶位于自然地坪下 4.0m，帷幕有效长度 20m，从自然地坪起算帷幕深度不小于 24m。

2）降水和回灌方案

基坑周边布置降水井，井间距 15m；坑内设置疏干井，井间距为 30m×30m（4 倍柱网距）。降水（疏干）井径 700mm，井管采用直径 500mm 混凝土无砂滤水管，管壁外侧回填滤料。

基坑坑底、坑顶设置排水沟、集水盲沟、集水井，配合管井降水，控制地下水位。基坑底部排水沟按盲沟设置，300mm（宽）×300mm（深），集水井尺寸 500mm×500mm×500mm，排水沟集水井均距坡脚 ≥300mm。

回灌措施保证帷幕外地下水位稳定，避免和减少基坑降水引起帷幕外地面不均匀沉降。截水帷幕外侧设置 33 眼回灌观测井；深度设计为 12.0m，水平间距约 30m，井径与降水井相同。

3）帷幕深度选择数值模型

开展基坑地下水渗流研究，以高铁路基"0"沉降为目标，比较不同帷幕深度、相同降水周期坑外地下水位曲线，分析地面沉降。

（1）软件平台

采用美国 Itasca Consulting Group Inc 开发的 FLAC^{3D} 三维显式有限差分法程序，模

拟地下水在土体中的渗流。FLAC3D 既可以单独进行流体计算，只考虑渗流的作用，也可以将流体计算与力学计算进行耦合，即流固耦合分析。对于地下水问题，软件认为地下水位以上的孔压为零且不考虑气相的作用，这种近似方法对于可忽略毛细作用的材料是适用的。

（2）比选方案

为保证基坑降水不会影响京沪高铁路基沉降，拟对帷幕深度控水效果进行数值模拟，比较无截水帷幕、截水帷幕深度分别为 18m、21m、24m、27m、30m 6 种情况，确定站前广场深基坑截水帷幕最佳深度，确保降水周期内高铁路基安全，且工期、成本最优。

（3）数值模型

假定模拟范围东西向为 x 轴，南北向为 y 轴，垂直方向为 z 轴。以靠近轨道交通 1 号线的站前广场基坑截水帷幕为边界（$x=0$），西侧边界 200m（基坑外侧），东侧边界取 100m（基坑内侧）。南北方向取 30m（$y=-15\sim15$）。垂直方向以地表为 $z=0$，底边界 $z=-45$m。模型平面图和剖面图见图 2-2。垂直方向 20m 以内，网络间隔 1m；20～45m，梯度递增划分网格，大约 10 份。降水井、回灌井、疏干井网格加密；外围自由剖分。共划分 57505 个单元，62712 个节点。网格透视图见图 2-3、地下水控制系统示意图见图 2-4。

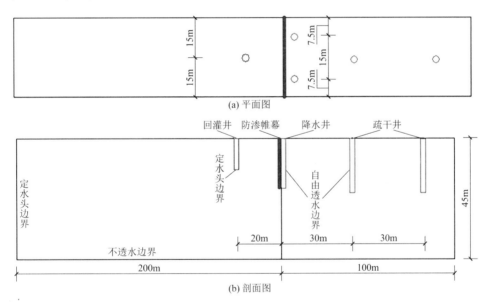

图 2-2　最佳帷幕深度选择模型

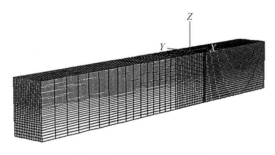

图 2-3　有限元网格透视图

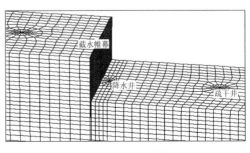

图 2-4　地下水控制系统示意图

（4）计算参数及边界条件

初始地下水孔隙水压力场按当时静水位−3m计算。渗透系数取现场试验值12m/d，截水帷幕取$1×10^{-6}$cm/s。左边界、回灌井为定水头边界；右边界、前边界、后边界、下边界为不透水边界；降水井、疏干井为定水头边界，边界孔隙水压力为零。模型边界见图2-5。

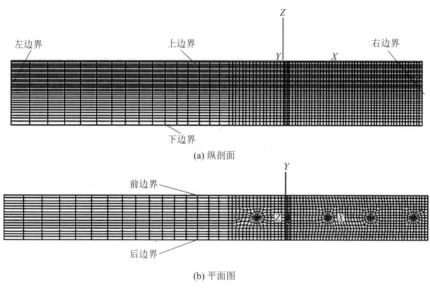

(a) 纵剖面

(b) 平面图

图2-5　模型边界示意图

3. 最佳帷幕深度决策

以水位降深达1.0m为控制值，施工前地下水位−3m，图2-6中地下水位以−4m控制。图2-6显示降水30d后，无截水帷幕、截水帷幕深度分别为18m、21m、24m、27m、30m六种方案对应坑外地下水位下降范围延至95m、77m、65m、60m、50m、12m。图2-7给出截水帷幕深为24m时，5d、15d、30d、60d、90d、150d、240d截水帷幕基坑外侧的水位曲线。

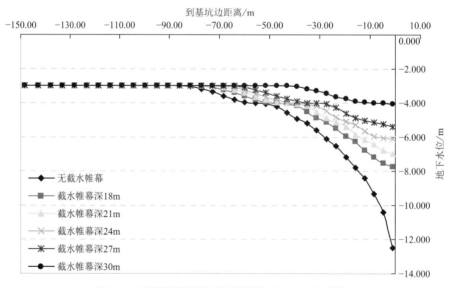

图2-6　不同帷幕深度基坑外侧降水30d水位曲线

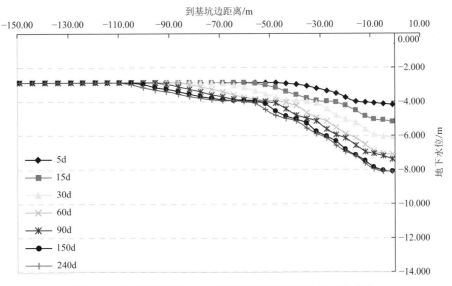

图 2-7　截水帷幕深度 24m 不同降水周期基坑外侧水位曲线

工程计划降水 240d。因此，选择截水帷幕深度 24m 方案，至降水结束，基坑外侧距帷幕约 77m 处地下水位下降 1m，邻近截水帷幕外侧最大降深约 5.1m，水位降低量不会影响高铁路基处的地面沉降，可以保证 85m 以外的京沪高铁路基安全。

2.1.2　复合地基近接基坑支护的优化[8]

1. 大剧院台仓基坑概况

（1）大剧院工程简介

省会文化艺术中心（大剧院）（图 2-8）位于济南西站片区核心区内，东起腊山河东路，西至腊山河西路，南起日照路，北至威海路，距京沪高铁济南西站主站房约 1.3km，项目占地面积 480 亩（1 亩 ≈ 666.7m²），总建筑面积 62.5 万 m²，总投资约 56.5 亿元，包括大剧院、图书馆、美术馆、群众艺术馆以及剧团、书城、影城等文化事业和文化产业配套项目。

图 2-8　大剧院项目模型实景图

省会文化艺术中心的场馆群中，大剧院是重中之重，其建筑面积约 7.5 万 m²，包含 1500 座的音乐厅、1800 座的歌剧厅、500 座的多功能厅及排练厅和其他辅助设施。

（2）大剧院台仓

大剧院台仓位于歌剧厅中轴线上，呈 T 形，由不同深度的矩形下凹空间组成，台仓及外围结构设有众多舞台等相关设备，结构设计和设备安装复杂。台仓周边基础标高错落，全部为 CFG 复合地基，台仓基坑最大开挖深度 12.75m（图 2-9），开挖范围约 40m×60m。

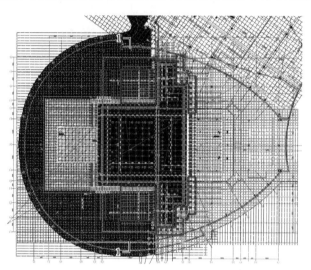

图 2-9　台仓、坑底桩基（白色）、坑外复合地基与 1-1 剖面位置示意图

2. 台仓基坑支护设计难点

（1）支护结构选型困难

平面形状不规则，坑顶标高不统一，见图 2-10。坑边外围 CFG 复合地基已施工完毕，桩间距多样，以 1.6m×1.6m 和 1.2m×1.2m 为主。台仓空间狭小，内支撑结构和桩锚支护实现起来困难。

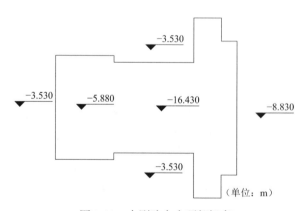

图 2-10　大剧院台仓顶部标高

（2）基坑侧（土）压力计算困难

基坑处于 CFG 复合地基内部，基坑侧壁土压力不能简单套用经典土压力理论。CFG 地基作为复合体，忽视 CFG 桩对土体的加强作用，直接套用土的计算参数就脱离了工程实际。同时，台仓基底设抗浮钻孔灌注桩，间距以 1.6m×1.6m 为主，经过群桩加固后的基底土层，概念上分析能够提升基坑侧壁支护结构的被动侧（土）压力。因此，获得相对

准确的 CFG 复合地基和群桩地基侧（土）压力分布和计算方法是支护结构计算分析的关键，而国内外缺乏此类工程的研究及有效的计算指导方法，未找到相关文献或理论可以参考。

（3）CFG 桩复合地基侧向变形控制严格

台仓开挖会引起周边 CFG 桩复合地基水平侧移和沉降，由于工程重要性，主体设计单位要求严格控制 CFG 复合地基变形，坑顶水平最大变形控制在 0.15% 以内。由于无法准确表达侧压力，周边 CFG 复合地基变形规律难以分析。

3. 设计优化

（1）设计方案

由于缺乏相关依据，无法确知 CFG 桩复合地基的侧向加固作用，基坑工程设计时将复合地基视为原状土，采用双排桩与预应力锚杆的支护结构（图 2-11）。

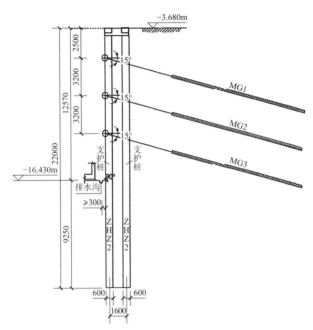

图 2-11　1-1 剖面基坑支护单元做法

（2）优化原因

该项目是 2013 年第十届中国文化艺术节主会场，由于项目前期地基基础选型、施工技术以及地层适应性等问题，地下工程节点一直延后，加快工期是当时的首要目标。

同时也注意到台仓周边不同间距较为密集的 CFG 基桩存在使大量预应力锚索施工困难，锚索成孔倾角、偏斜都可能与 CFG 桩基冲突，减少锚索不仅释放工期，而且对保证周边 CFG 群桩有益。

基于复合地基工作机理[9]，判断大量 CFG 基桩对原状土的侧向加固作用不可忽视，复合地基侧向刚度得到加强，因此减少预应力锚索数量具有技术基础。

4. 数值分析

概念分析 CFG 群桩对土的加固作用不能小视，但又不知如何考虑，考虑多少，因此，设计团队借数值分析希望体现群桩对土的加固作用。

　　为简化计算，选取最深台仓边坡剖面，简化为平面应变问题，采用 FLAC3D 对基坑开挖过程进行数值模拟。土体采用 solid 单元，桩采用 pile 单元。pile 单元集合了梁单元和锚杆单元的力学特性，可以模拟桩体弯曲、剪切和拉压等力学行为。采用弹簧耦合模型，pile 单元还可以模拟桩土之间滑移错动、张合和闭合等变形特性。模型考虑了台仓周边 CFG 桩和台仓底部钢筋混凝土灌注桩，并去掉锚索，按照预定锚索位置分步开挖（图 2-12）。

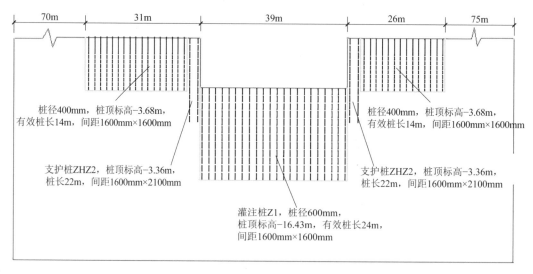

图 2-12　台仓 1-1 剖面坑底桩基与坑外复合地基示意图

　　地层土体和冠梁均采用 Mohr-Coulomb 模型计算。喷层面板采用壳单元模拟，线弹性本构模型。钻孔灌注桩、CFG 桩、支护桩结构均采用 pile 结构桩单元模拟，线弹性本构模型。数值模型见图 2-13。

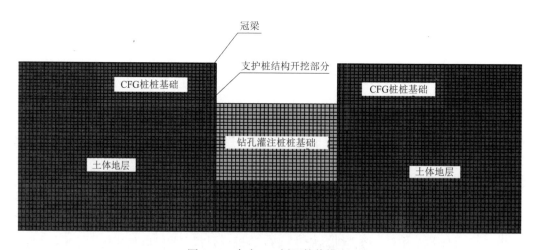

图 2-13　台仓 1-1 剖面数值模型

　　台仓按照预先布置锚索的工况垂直开挖，整个坡面变形是上大下小，最大变形发现在坑顶。随基坑开挖深度越大台仓支护结构水平变形越大，最终坑顶向台仓内部变形达到38.117mm（图 2-14）。

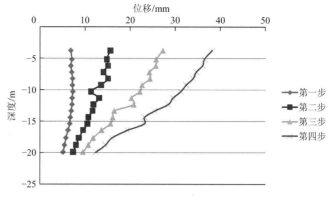

图 2-14 1-1 剖面数值分析位移

分析、论证优化方案时,台仓已挖至−10m,当时桩体最大水平位移为 1.45mm,位于桩顶下 6.0m,远小于数值模拟完成工况 2 位移 16.37mm。由于时间紧迫,综合分析数值模型不足和降水对土体抗剪强度的提升,最后决定保留一排锚索(图 2-15)。在系统监测指导下,基坑开挖结束,最大坡顶位移仅 3.35mm(图 2-16),说明数值分析在一定程度上坚定了减去 2 道锚索的决心,支持了支护结构优化。

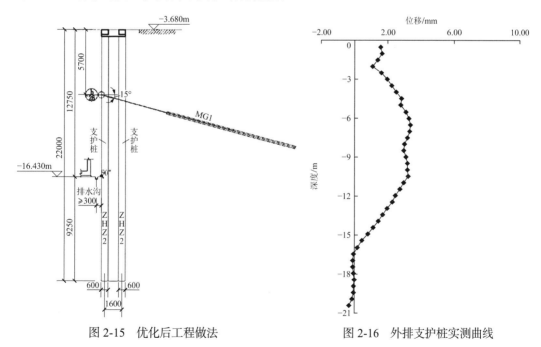

图 2-15 优化后工程做法   图 2-16 外排支护桩实测曲线

2.1.3 数值分析深基坑决策感悟

1. 数值分析有效支撑深基坑决策

上述两个数值分析帮助重点基坑工程决策的案例,阐释了济南西站站前广场深基坑地下水控制最佳截水帷幕深度选择的比较过程,一定程度揭示了基坑地下水渗流周期变化和稳定影响范围;证明复合地基对支护结构的加固作用,坚定省会艺术中心大剧院台仓基坑支护结构减少锚索同样能够稳定安全的初心,说明数值分析可以作为深基坑工程决策工具。

2. 不合理的坑外地表上浮

数值分析坚定基坑工程决策的同时，计算结果也出现了坑外地表变形明显上浮[8]现象，见图2-17，与工程常识截然相悖。

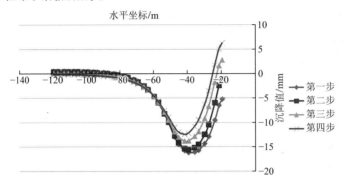

图2-17 台仓1-1剖面地面沉降曲线

2012年，承担了济南市科技计划项目《群桩复合（土）体力学性状及其基坑侧壁侧压力理论的研究和应用》[201201145]，由于缺乏相关理论依据，寄望数值模拟确定如图2-12所示复合地基与支护结构侧压力，从而揭示支护结构与复合地基的共同作用。应用美国ABAQUS有限元软件，土体本构关系采用Mohr-Coulomb模型，地面沉降与图2-17相似，邻近基坑1倍开挖深度范围，地表出现上浮趋势（图2-18），而非沉降[10]。

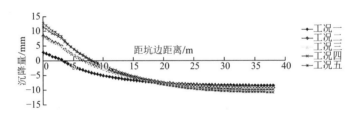

图2-18 大剧院台仓优化Mohr-Coulomb模型坑外地表沉降

比较图2-17和图2-18模型背景，前者应用了FLAC软件，后者采用ABAQUS软件；前者没有锚索，后者包括一排锚索；岩土参数一致，土体本构模型相同；地表沉降上浮数值存在差别，趋势一致。

为了解决地表沉降不合理的上浮，选用土体修正剑桥模型，得到了与工程实践较为合理的沉降模式，见图2-19。

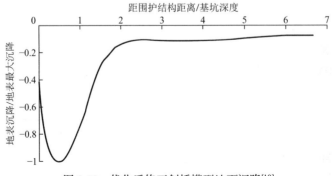

图2-19 优化后修正剑桥模型地面沉降[10]

3. 数值分析与实际监测的明显差距

图 2-16 是台仓开挖结束实际监测双排支护桩外排桩身倾斜曲线，最大位移 3.35mm，与数值分析结果最大水平位移 27.8mm（图 2-20）存在明显差距，不仅变形模式不同，而且位移差值较大。排除实际监测数据存在的初值滞后影响，监测和数值结果差距表明土体本构关系和计算参数与实际性状存在显著差距。

综合分析数值分析案例决策过程以及地表沉降、计算结果与实际监测差距，可以明确计算软件对结果没有明显影响，但土体本构关系和计算参数对数值分析结果具有重大影响。

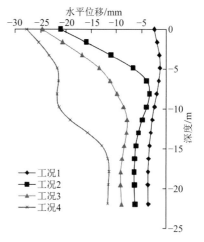

图 2-20　数值计算 1-1 剖面各工况水平位移

2.2　深基坑工程数值分析技术关键

数值分析（Numerical Analysis）是研究分析用计算机求解数学计算问题的数值计算方法及其理论的学科。主要包括计算方法和数值方法两部分，是研究科学与工程技术中数学问题的数值解及其理论的一个数学分支。目前，许多工程问题都可转化为在给定边界条件下求解其控制方程的数学问题，但能用解析方法求出精确解的只是方程性质简单、几何边界规则的少数问题。大多数工程问题往往几何形状复杂，或者某些特征非线性很难获得解析解。要获得工程问题的解，基本途径有两个：一是简化假设，只是有限的情况可行。过多简化将可能导致不正确甚至错误的解。二是采用数值模拟技术，应用计算机获得满足工程要求的数值解。因此，对于深基坑工程而言，数值分析与数值模拟含义相同，就是针对基坑支护结构与岩土环境共同作用，从保证支护结构和环境安全目的出发，确定支护结构选型，进行支护结构和环境控制计算和验算，决策工程做法。

因此，深基坑工程数值分析包括三个技术关键：一是数值模拟的平台问题，即构建数值模型的软件；二是岩土体本构关系，即开挖过程土与支护结构相适应的本构模型；三是满足本构关系条件的岩土真实参数。

2.2.1　数值分析平台

目前，工程技术领域常用软件按离散方法分为：

有限单元法：ANSYS、ABAQUS、PLAXIS、MIDAS 等；

边界元法：EXAMINE2D、EXAMINE3D 等；

离散元法：UDEC、3DEC、PFC 等；

有限差分法：FLAC2D、FLAC3D 等。

对于深基坑工程，ABAQUS、PLAXIS、FLAC、MIDAS 较为常用。软件平台经过商业化运作多年，离散化方法较为成熟，相同土体本构模型和参数条件下数值模拟结果相近，因此软件平台选择的主要依据应是程序内嵌土体本构关系对深基坑工程的响应以及其相关参数选取的便利性。

2.2.2 土的本构关系

综合分析常用土体本构模型,对比深基坑坑外土体应力路径[图1-16],对照土体工程特性[11],感悟已有工作与艰辛探索[11-16],深刻认识到基坑工程数值模拟需要适宜的土体本构模型。

1. Duncan-Chang(D-C)模型

D-C 模型基于弹性增量胡克定律建立,是非线性弹性模型,能够反映随约束应力增加使土的强度提高的压硬性、摩擦性,一定程度上体现应力路径的贡献;不能描述土的剪胀性和应力历史的影响;不能准确描述基坑特别是变形性状,不适合深基坑开挖数值模拟[11,13]。

2. Mohr-Coulomb(M-C)模型和 Drucker-Prager(D-P)模型

两种模型均为理性弹塑性模型,与弹性模型相比考虑了土体的破坏行为且参数简单易于操作,在初期基坑工程数值模拟中得到了大量应用。但仍不能反映土体应力历史等重要性质,尤其不能区分加荷与卸荷模量,将导致较大的基坑回弹变形,从而减小围护结构变形,因此只能用于浅基坑或深基坑的初步分析[13,15]。

3. 修正剑桥模型(MCC)和 Hardening Soil(HS)模型

两种模型反映土体应变硬化性质,考虑了变形模量随着围压增加而增大的特性,计入土体的剪切硬化和压缩硬化,并采用了不同的加/卸载模量,可较好地考虑应力路径对土体变形特性的影响,较好地预测基坑变形特性,得到与现场实测较吻合的坑壁水平位移、地表沉降。修正剑桥模型(MCC)和 Hardening Soil(HS)模型较适用于深基坑数值分析[13,15]。

4. 小应变硬化(HSS)模型

土体硬化模型假设土体在卸载和重加载过程中是弹性的,但实际土体刚度为完全弹性的应变范围很小。随着应变范围的增大,土体刚度会呈现如图2-21所示的S曲线状衰减。为了周边环境安全,深基坑工程通常严控支护结构和坑外土体变形[17,18]。因此,应考虑小应变土体刚度和土体刚度非线性变化的特性。HSS 模型继承了 HS 模型所有特性的同时,增加了初始小应变剪切模量G_0和剪切应变水平$\gamma_{0.7}$两个参数描述土体小应变刚度行为。因此 Hardening Soil Small(HSS)模型更能体现基坑支护结构与土体的相互作用,以小变形土体工程特性呼应基坑邻近不同位置土体应力路径影响(图1-10),从而避免实践上不可能的勘察测试,理论上最适合深基坑工程数值分析。

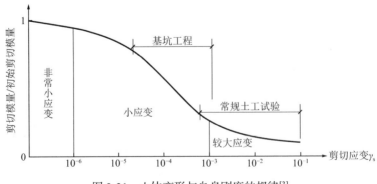

图 2-21 土体变形与自身刚度的规律[3]

2.2.3　数值模型参数及其科学性

1. Hardening Soil Small（HSS）模型参数及其意义

HSS 模型共 13 个参数，各参数意义及符号见表 2-1。

HSS 模型参数、符号及意义　　　　　　　　　　　　表 2-1

参数符号	意义	参数符号	意义
c'	有效黏聚力	φ'	有效内摩擦角
K_0	静止侧压力系数	ψ	剪胀角
m	应力水平指数	υ_{ur}	加卸载泊松比
p^{ref}	参考应力	R_f	破坏比
$\gamma_{0.7}$	阈值剪应变	E_{oed}^{ref}	参考切线模量
E_{50}^{ref}	参考割线模量	E_{ur}^{ref}	参考卸载再加载模量
G_0^{ref}	初始剪切刚度		

2. HSS 模型参数获得方法

目前，HSS 模型参数的获取上仅有天津[19]、上海[20]开展了一些试验研究。特别是上海王卫东教授等通过大量室内土工试验和深入分析[20,21]，较完整地获得过上海软土地区典型土层 HSS 模型的参数，也为其他城市相关参数的获得提供了经验。综合分析，主要是 3 种方法：

1）既有经验借鉴

部分参数可以参照既有经验或软件手册获得，相关参数经验取值方法见表 2-2。

HSS 模型参数经验取值方法　　　　　　　　　　　　表 2-2

参数	取值方法
K_0	按岩土勘察试验取值或按经验公式：$1-\sin\varphi'$ 取值
$\psi/°$	按经验公式：$\psi = \varphi - 30°$（$\varphi > 30°$）/0°（$\varphi \leqslant 30°$）取值
p^{ref}/kPa	经验值：100
m	经验值：黏土 0.7～0.8，砂土 0.5
R_f	经验值：0.9
υ_{ur}	经验值：0.2
$\gamma_{0.7}$	按经验公式：$\gamma_{0.7} = (\gamma_{0.7})_{ref} + 5 \times 10^{-6}I_P(OCR)^{0.3}$ 取值或按 2×10^{-4} 取值

2）勘察测试获得

参数中有效黏聚力 c'、有效内摩擦角 φ'、三轴固结排水剪切试验的参考割线模量 E_{50}^{ref}、固结试验的参考切线模量 E_{oed}^{ref}、三轴固结排水卸载-再加载试验的参考卸载再加载模量 E_{ur}^{ref} 通过室内常规三轴试验和固结试验确定。

《基坑工程手册》[22]介绍了取得 HSS 模型参数的主要试验，表 2-3 展示了主要试验以及互相推求的参数。这些试验主要有：

HSS 模型参数取值测试方法表[22]　　　　　　　表 2-3

序号	参数	固结试验	等应变率	三轴压缩			直剪试验	标准贯入	静力触探	旁压试验	膨胀计试验	十字板剪切	土的分类试验
				CD	CU	UU							
1	c			D	D		D		C				
2	φ			D	D		D		C				
3	R_f												
4	ψ			D									
5	E_{50}^{ref}	I	C	D	I	D	I	I	I				C
6	E_{ur}^{ref}	(D)		(D)	(I)	(D)			I				
7	E_{oed}^{ref}	D	D					I	I	I	I	C	C
8	υ_{ur}	(I)											
9	m	D	I	D	D								C
10	K_0	(D)											C
11	p^{ref}												

注：D 表示参数能够直接从试验中获得；I 表示参数可根据试验结果再通过相关计算后得到。C 表示参数可通过经验关系获得。括号则表示参数的取得取决于试验方法。

（1）室内土工试验

土的物理和分类试验：如液限、塑限、塑性指数、液性指数等。

力学试验：如固结试验、等应变率试验（CRS）、三轴压缩试验（CD、CU、UU）、直剪试验（DSS）。

（2）现场原位试验

包括标准贯入试验（SPT）、静力触探试验（CPT）、旁压试验（CPM）、膨胀计试验（DMT）、十字板剪切试验（VT）。

3）反分析法

（1）岩土测试的局限性

越是高级模型，越是关注应力历史和应力状态，努力逼近土体的本质特征，需要更多的参数定义和描述。现有取样、测试手段难以真实呈现土体与基坑支护结构开挖过程的相互作用，一是取样水平，包括钻机、取土器及运输、存放等环节行为；二是，拟采用支护结构与基坑开挖过程对土体单元的相互作用量级描述；三是现有测试仪器模拟土体应力路径和测试精度。Ou[23]指出，理论上土体参数应该从试验获得，但一来由于取样扰动影响，所得参数一般小于真实状况；二来土体应力-应变行为复杂，小应变与大应变参数差异巨大，因此纯粹试验获得参数直接用于计算意义不大，基本都是在文献、软件手册及相关经验的基础上，通过已有监测数据，对某些关键参数进行反分析。正是因此，上海地区基坑开挖数值分析中土体 HSS 模型参数也是经过了实际工程反分析的检验和修正[21]。

（2）反分析法

所谓反分析法，亦即 Peck 的观察法，指利用已有基坑工程监测资料为标的，调整土体模型参数，使得数值分析结果与监测资料一致，然后再以相同参数预测具有同样地质、相似工况及施工程序的工程，从而获得符合实际的准确结果。目前，反分析法主要有两类，一类是应用同类工程的监测资料，反分析实际工程土体参数；二类是根据具体工程初期工况的监测资料获得数值分析的模型参数（图 2-22）。

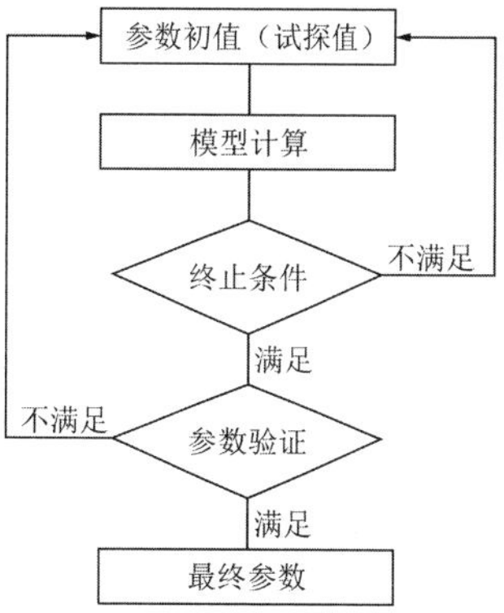

（3）刚度参数位移反分析

刚度参数参考切线模量 E_{oed}^{ref}、参考割线模量 E_{50}^{ref}、参考卸载再加载模量 E_{ur}^{ref} 和参考初始剪切刚度模量 G_0^{ref} 在不同地质条件下波动较明显，因此没有统一的经验取值方法，同时该类参数试验取值难度较大，因此多采用位移反分析获得。

以围护墙的水平位移作为反分析目标为例，将围护墙侧移的吻合程度作为终止条件，终止条件 F 见式(2-1)：

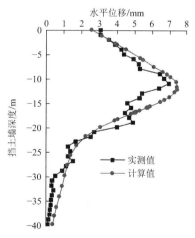

图 2-22　参数反分析法流程图

$$F = \frac{\Delta u}{2u_{max}} + \frac{\Delta l}{2l} \leqslant 20\% \qquad (2\text{-}1)$$

式中：Δu——模拟结果与实测围护墙最大水平位移之差；

　　　u_{max}——围护墙实测最大水平位移；

　　　　Δl——模拟结果与实测数据围护墙最大水平位移的位置之差；

　　　　l——挡墙长度。

参考切线模量 E_{oed}^{ref} 是固结试验在 100kPa 荷载下的应变曲线切线模量，勘察报告中的压缩模量 $E_s^{1\text{-}2}$ 是土体在 100kPa、200kPa 两级荷载下的平均压缩模量，两者虽然有区别但数值基本相等，一般认为 $E_{oed}^{ref} = (0.8 \sim 1.2) E_s^{1\text{-}2}$。以参考切线模量为基准按一定比例选取各刚度参数，计算精度可满足工程需求，这在已有研究[20,21]中已得到了证实。

这样，以济南地层为例[16,24]，HSS 模型参数试探值 $E_s^{1\text{-}2}$ 按勘察报告取值，E_{oed}^{ref} 取 1 倍 $E_s^{1\text{-}2}$，$E_{oed}^{ref} : E_{50}^{ref} : E_{ur}^{ref} : G_0^{ref}$ 黏性土中可取为 1 : 1.5 : 7.5 : 15，砂土、卵石中取 1 : 1 : 3 : 5，通过各参数不超过 20% 幅值调整，将数值计算值与实际监测值比较并满足式(2-1)，从而获得应用 HSS 模型的刚度参数。

综上，得到选取 HSS 模型参数的一般综合方法，即经验、测试和反分析方法相结合。

3. 数值模型科学性赋予与验证

数值分析结果的可信性在于数值模型的科学性，包括单元划分、模型边界、土体应力-应变关系选择和岩土与结构参数取值等内容须符合工程实际。科学性赋予基本包括 3 种途径：

（1）与公认科研成果对比

郑刚等[1]通过建模计算，得到坑外地表沉降和水平位移沉降曲线，与 Ou[24] 的地表沉降曲线 Schuster 等[25] 的水平位移曲线进行比较，如图 1-13 所示，显示数值模型计算值与上述公认成果具备较好的一致性，从而证明了数值模型的可靠性。

（2）与工程现场监测结果对比

李连祥等[26]通过将数值模型计算不同工况下的围护墙水平位移与现场监测结果对比（图 2-23），

图 2-23　支护墙 AE（平面位置见图 2-26）水平位移对比（工况 6）[26]

获得 HSS 模型参数，从而证明数值模型本构关系、计算参数具有可信性。

（3）与离心机试验结果对比

黄茂松[27]、李连祥等[28,29]通过数值模型回溯离心试验过程，将数值计算与试验测试结果对比。图 2-24 给出了基坑开挖附近 2×2 承台群桩计算结果比较，由图可以看出数值模型计算结果与试验测量吻合较好，证明了数值模型的合理性与可信性。

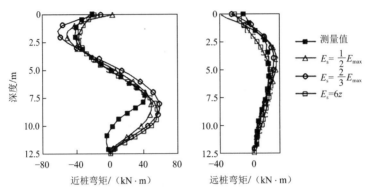

图 2-24　基坑附近 2×2 承台群桩计算结果比较[27]

数值模拟已成为复杂环境重要项目深基坑工程决策的工具，但具体应用存在明显缺陷或误区，即一些工程师把数值计算万能化、分析结果神圣化，不管选取怎样的土体本构关系、岩土勘察报告参数，都对计算结果深信不疑。因此，适应复杂环境、非土荷载深基坑风险判断和有效控制，必须明确和建立工程师理解和掌握的数值方法，深刻领会和把握数值决策的关键技术。

2.3　深基坑三维整体设计法

由第 2.1 节可知，在复杂环境、工程设计常规软件无法分析情况下，数值模拟可为深基坑工程决策提供有效支持。因此，建立复杂环境深基坑数值模拟系统方法，帮助工程师理解、掌握数值分析关键，从而正确控制周边地下结构风险，提高城市深基坑决策水平。

2.3.1　深基坑深度效应及其界限

1. M-C 与 HSS 模型模拟结果对比

第 2.2.2 节介绍与基坑工程有关的土体本构关系，说明了 M-C 模型与 HSS 模型的不同。实质上，M-C 模型在岩土工程中应用得最多，能较好地描述土体加载至破坏的行为，在岩土工程数值模拟初期发挥了巨大作用。

M-C 模型不能体现卸载与应力历史对土体的影响，从而造成第 2.1.3 节中案例出现异常（图 2-17、图 2-18）。而深基坑工程支护开挖施工过程中，坑外土体小变形状态下反复出现卸载—加载—卸载情况。因此，采用 M-C 模型不能准确表达土体与支护结构的真实作用，不能真实体现基坑开挖过程土体工程特性，出现与正常认知相悖的基坑及其环境变形。徐中华[13]以实际开挖案例［图 2-25（a）］说明 M-C 模型、HS 和 MCC 模型支护墙体位移和地面沉降差异［图 2-25（b）］。

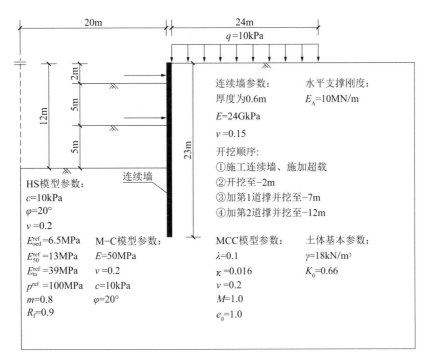

(a) 基坑实际开挖案例及其参数[13]

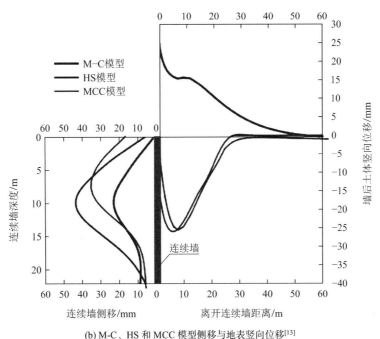

(b) M-C、HS 和 MCC 模型侧移与地表竖向位移[13]

图 2-25　开挖案例及沉降差异

2. HSS 与 M-C 模型计算误差分析[14,26]

济南地铁某换乘车站地下连续墙加内支撑支护结构体系，内部设置 5 道支撑，平面布置见图 2-26，五个角点记为 A～E。开挖工况见表 2-4。

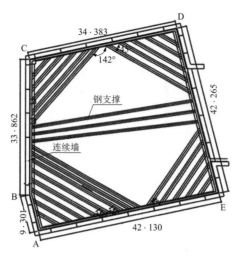

图 2-26 某换乘车站基坑平面[26]

某车站基坑开挖工况 表 2-4

工况号	工况类型	深度/m	支撑道号
1	开挖	−2.5	—
2	加撑	−2.0	①
3	开挖	−8.1	—
4	加撑	−7.6	②
5	开挖	−14.3	—
6	加撑	−13.8	③
7	开挖	−17.5	—
8	加撑	−17.0	④
9	开挖	−20.0	—

图 1-15 为图 2-26 基坑开挖至不同深度时，土体采用 HSSM 与 M-CM 进行数值分析所得围护墙 AE 中点的水平位移曲线。图 1-15 中可以看到在基坑开挖至−15.5m 之前，采用两种本构模型计算工况 4、5、7 所得围护墙位移差分别为 0.09‰H、0.22‰H 和 0.51‰H（H 是当前工况中基坑的已开挖深度）；当该工程开挖至−15.5m 之后，即工况 8、10 和 11，两种模型计算所得挡墙位移分别相差 0.63‰H、0.77‰H、1.03‰H。基坑开挖越深，应用两种模型所得计算结果差异越大。

图 2-27、图 2-28 分别为基坑开挖至不同深度，土体采用两种本构关系计算所得 AE 中点墙后地表沉降。采用 HSSM 计算为凹槽形地表沉降曲线，开挖深度增加沉降量逐渐增大，最大沉降出现在距挡土墙 0.5～1 倍的开挖深度处；应用 M-CM 进行计算，同为凹槽形沉降曲线，但随着基坑开挖深度增加，围护墙后紧邻墙体的土体产生了与工程实际不同的上浮现象，且墙后沉降的影响范围与 HSSM 相比有所后移。

将上述挡墙水平位移、墙后地表沉降与实测数据和工程实际现象对比，说明采用 HSSM 进行计算比 M-CM 结果更加准确，计算结果差异与开挖深度密切相关，基坑开挖深度越大，土体采用 HSSM 与 M-CM 的误差越大，直至 M-CM 难以反映基坑真实变形性状。

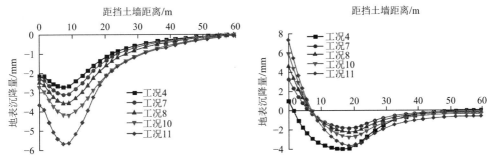

图 2-27 HSS 模型车站围护墙后地表沉降[26]　　图 2-28 MC 模型车站围护墙后地表沉降[26]

3. 深基坑临界界限及其定义

图 2-27、图 2-28 显示位移随深度增加不同模型的表现不同，根本原因在于 M-C 模型不考虑深基坑开挖土体卸载作用且基坑周边土体处于小应变的状态。随着开挖深度的持续增加，坑内卸载作用达到一定程度，采用 M-CM 其坑底隆起达到塑性状态的深度早于采用 HSSM 计算，致使靠近墙体的土体隆起大于实际情况，坑底隆起通过摩擦作用带动围护墙上浮进而使得墙后土体隆起。此外，采用 M-CM 计算不考虑土体处于小应变状态时的高刚度，其水平位移的计算也偏大。上述曲线所反映的内容表明，随着开挖深度增加，常规土工加载试验参数的可靠性越来越低，计算所得深基坑围护及周围土体变形与实际情况差异增加。

第 1.1 节将这种由于基坑开挖深度增加导致采用常规参数进行数值计算的可靠性降低的现象，称为基坑开挖的"深度效应"。深大基坑挡土结构变形控制值一般为开挖深度 H 的 3‰，其预警值[17]一般设置为 2.1‰H 左右，通过对比两种模型在不同挖深下的计算结果，基坑开挖至 −15.5m 之后，两种模型计算所得挡墙位移相差 1.03‰H，基本是基坑预警值的 50%。因此，根据"深度效应"表现，定义济南冲洪积地貌单元基坑"深、浅"临界界限为 15m，即基坑开挖深度小于 15m 时，可以称为浅基坑，应用数值分析进行基坑工程决策，可以采用 M-CM 进行基坑数值分析，计算精度基本达到工程要求；基坑开挖深度大于 15m 时，定义为深基坑。考虑目前基坑理论与设计方法的局限（图 2-29），深基坑应选择 HSS 土体本构模型、采用三维整体数值分析进行深基坑工程决策。

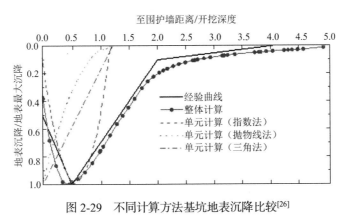

图 2-29 不同计算方法基坑地表沉降比较[26]

2.3.2　深基坑三维整体设计法

1. 深基坑三维整体设计法定义

基坑整体设计方法是针对深基坑或超深基坑全寿命的设计、施工、监测、优化的决策过程，是以基坑周边环境安全变形控制为目标，以大型有限元程序为平台，以 HSSM 土体本构模型为核心，应用被已有成果证明具有科学性的三维数值模型，获得基坑支护结构与周边环境动态性状，从而主动调整支护结构、模拟基坑周边状态、保证基坑支护结构与周边环境安全的全过程决策方法。

2. 要素

（1）目标——基坑及周边环境安全

深基坑工程的主要作用是为地下结构工程提供施工空间，因此首先必须保证深基坑工程本身的安全；其次深基坑的开挖必然会导致基坑周围土体位移场和应力场的改变，进而影响周边建筑物、地下管线等设施的安全，深基坑工程在施工过程中必须确保周边环境安全。确保基坑及周边环境安全是深基坑整体设计方法的主要目标。

（2）依据——周围环境的安全变形

随着城市建设的日趋完善，新建工程场地环境空间越来越紧张，深基坑工程越来越多地出现于城市中心，周围邻近环境存在多种既有建筑设施。为保障这些设施的运营安全和正常功能，需要严格控制基坑自身的位移以及基坑施工产生的位移影响在周边环境变形安全范围之内，因此变形控制设计是深基坑整体设计方法的根本依据。

（3）平台——大型有限元分析软件

深基坑工程计算是一个动态非线性复杂过程，现有设计方法难以解决这类问题。但随着计算机水平的迅速发展，有限单元法在计算非线性问题上取得了突破。大型有限元分析软件可以通过土体本构关系的引入表征土体复杂的力学性能及其材料的离散性，因此深基坑整体设计方法的实现平台是大型有限元软件。本书数值分析采用荷兰代尔夫理工大学研发的岩土工程大型有限元软件 PLAXIS[3D]，该系列软件在全球的应用已超 1 万个正式许可，其内置 HSM、HSSM 等多种土体本构模型，方便使用者选用，是该软件适用深基坑三维整体设计法的突出优势。

（4）核心——HSSM

深基坑整体设计方法依赖于有限元计算，关键是土的本构模型体现基坑开挖工程特性、应力历史和路径。

HSSM 可以反映土体的非线性、卸载特征与小应变特性。在现阶段基坑工程常用土的本构模型中，HSSM 理论上最适合基坑工程数值分析。因此，将 HSSM 作为深基坑工程整体设计方法的核心模型。

（5）工具——具有科学性的三维数值模型

基坑工程是一个由土、围护结构（墙）及支撑（锚杆）组成的空间整体，其变形与自身尺寸、形状和所处的环境密切相关。二维计算模型不能反映上述因素对基坑变形的影响，计算结果与实际变形通常存在明显差距。因此深基坑工程整体设计方法所采用的三维数值计算模型必须以科学性为前提，其科学性主要通过计算软件、本构关系、边界及其范围、合理参数和单元划分等来体现。

（6）特征——主动控制

基坑开挖与支护过程中土体变形、土体与支护结构受力状态的改变是一个动态过程，基于变形控制的设计理念，要求在开挖前及开挖过程中对基坑及其环境变形作出精确判断。深基坑工程整体设计方法通过建立科学的有限元模型，采用适合的本构关系与合理的计算参数展现基坑开挖全过程对基坑及其整体环境空间的影响，精细地掌握基坑围护结构、周边环境与相关设施的应力场、位移场，提前预测基坑及其环境风险，为基坑工程决策（支护优化、加固措施使用等）提供令人信服的技术支撑，是一种主动控制的设计分析方法。

2.3.3　深基坑三维整体设计法应用[30]

深基坑三维整体设计法通过将基坑及其环境划分为有限单元，模拟"土体开挖—岩土体变形—既有结构和支护结构位移"过程，展现岩土体和周边结构的相互作用，在保证既有结构安全前提下凭借支护结构控制环境风险，实现支护结构的准确设计。图 2-30 为杭州某基坑群案例[31]，以此诠释和证明深基坑三维整体设计法适合地下结构群环境深基坑集约化设计。

1. 基坑群案例

如图 2-30 所示，B1 与 B2 基坑开挖深度最深约为 30.5m，A2 基坑开挖深度最深约为 17.55m，围护结构选用 1500mm 厚地下连续墙，最大插入深度 50.5m。基坑分区开挖，开挖顺序为 B1、B2、A2。基坑内采用地下连续墙 + 水平支撑的支护形式，材料为 C40 混凝土，支撑数量按基坑深度确定，B1、B2 基坑布置 6 道支撑，A2 基坑布置 3 道支撑，基坑开挖与结构施工工序见表 2-5，数值模型见图 2-31。

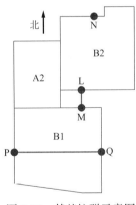

图 2-30　某基坑群示意图

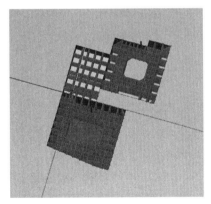

图 2-31　基坑群数值模型

基坑开挖与结构施工工序　　　　　　　　　　　　　　　　　　表 2-5

工序号	工况	施加荷载
0	初始地应力场计算	—
1	B1、B2、A2 地下连续墙激活	—
2～17	B1 基坑施工	—
18～33	B2 基坑施工	B1 基坑底板逐层加荷至 120kN/m²
		B1 基坑顶板逐层加荷至 28kN/m²

续表

工序号	工况	施加荷载
34～43	A2 基坑施工	B1 基坑底板保持荷载 120kN/m²
		B1 基坑顶板逐层加荷至 98kN/m²
		B2 基坑底板逐层加荷至 80kN/m²

2. 杭州深基坑临界深度

选取 B1 基坑 Q 点围护墙开挖至 −7.2m、−12.9m 水平变形，比较 M-CM 与 HSSM 水平位移，两种本构模型计算所得围护墙位移差分别为 0.27‰H 和 0.97‰H，见图 2-32。取线性插值可得到挖深超过 10m 时 HSS 模型和 M-C 模型围护墙水平位移差超过 0.63‰H，按照深度效应概念，杭州深基坑临界深度可取 10m。

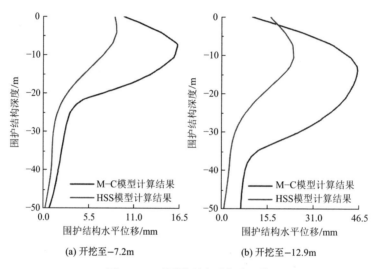

(a) 开挖至−7.2m　　　　　　(b) 开挖至−12.9m

图 2-32　不同模型水平位移比较

3. 模型参数及模型科学性

基坑群三基坑深度均超过 10m，采用三维整体设计法分析。

（1）采用 HSSM，有关参数见表 2-6。

HSSM 参数表[31]　　　　　　　　表 2-6

参数取值	c'/kPa	φ'/°	ψ/°	p^{ref}/kPa	K_0	$\gamma_{0.7}$/($\times 10^{-4}$)	R_f	υ_{ur}	m	$E_{\text{oed}}^{\text{ref}}$/MPa	E_{50}^{ref}/MPa	E_{ur}^{ref}/MPa	G_0^{ref}/MPa
淤泥质黏土	10.0	22.3			0.62	2.7			0.7	2.26	4.0	20.34	40.68
淤泥质粉质黏土	9.2	22.7			0.61	2.4			0.6	3.08	3.78	24.62	49.25
黏质粉土夹淤泥质黏土	11.3	32.4			0.46	2.6			0.6	5.16	5.16	36.12	72.24
淤泥质粉质黏土	6.8	22.7	0	100	0.61	2.7	0.9	0.2	0.6	2.78	2.78	22.24	44.48
含砂质粉质黏土	4.2	28.7			0.52	2.5			0.6	7.0	7.0	42.0	84.0
圆砾	2.0	31.9			0.47	—			0.5	25.0	25.0	75.0	—
粉质黏土	13.7	30.9			0.49	3.4			0.6	6.09	6.09	42.63	85.26

（2）模型科学性验证

提取 B1 基坑东侧围护墙中点处（即 Q 点处）外部土体沉降，做无量纲化处理并与 Ou 经验沉降曲线对比，如图 2-33 所示，二者吻合良好，说明数值模型较为合理，验证了数值模型的科学性，以此为基础进行的后序分析和预测结果具有可信性。

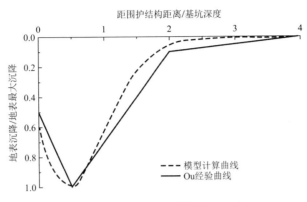

图 2-33　基坑开挖与结构施工工序

4. 既有结构全过程变形

三维整体设计法能够分析基坑开挖全过程既有地下结构的变形，相比平面应变单元具有明显优势。B2 北侧围护墙 N 点（图 2-30）处垂直于围护结构方向的水平位移如图 2-34 所示。B1、B2、A2 地下连续墙在 B1 开挖前已经施作，B2 部分区域将受到 B1 开挖的影响，B2 地块南侧围护墙向 B1 方向位移，后经历 B2 开挖，围护墙向坑内位移，A2 地块位于 B2 地块西侧，对 N 点的垂直于墙体方向的水平位移影响较小。

由图 2-35 发现，当 B1 基坑开挖完成（施工底板）后，B2 基坑开挖（施工底板）时，B1 围护墙 M 点处向 B2 基坑方向位移，不同深度处后序变形量不同。

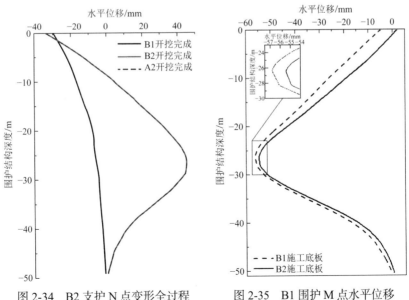

图 2-34　B2 支护 N 点变形全过程　　　　图 2-35　B1 围护 M 点水平位移

由此可知,地下结构群系统内结构的多样性与空间效应的复杂性决定了现有经典理论难以用解析解完成支护结构荷载与变形的分析,三维整体设计法为复杂环境深基坑提供决策工具。

5. 主动控制

中心城市的基坑建设,基坑外部往往存在道路、浅层市政管线等已建设施,需严格控制基坑支护变形对周边环境产生的影响。由文献[1]可知,通过调整水平支撑和围护结构刚度与布置等方式,可主动选择不同围护结构变形模式,而不同围护结构变形模式会引起不同坑外地表土体位移,如图2-36所示。

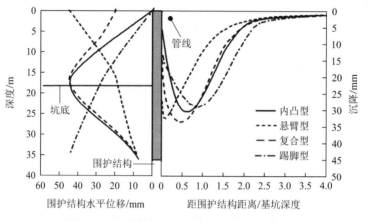

图2-36   以管线位置主动选择围护变形模式[1]

例如,在深度2m、围护结构后0.2倍开挖深度处,即距离基坑6.1m处存在一管线,当围护结构呈现悬臂型变形模式时,地表土体沉降为31mm;若调整支护形式使围护结构呈现内凸型,地表土体沉降则为20mm,土体竖向位移的影响大大减小且水平位移减为原来的1/3,有利于实现对该管线的保护。

以此,展现了深基坑三维整体设计法基于环境风险的安全变形主动控制能力。在确知关键保护对象(如图2-36所示中的管线)安全变形的前提下,通过控制管线位移小于安全变形,确定支护结构布置及其刚度,完成支护结构决策即深基坑设计。

2.4   城市深基坑决策系统

岩土工程具有区域性特征,适应地下结构群深基坑建设需要,明确反映城市地质条件的HSS模型及其参数体系,建立城市深基坑工程决策系统。通过划分城市标准地层,利用已有工程经验,获得不同地貌单元不同标准地层深基坑的HSS参数,再用于同一地貌单元拟建工程前期设计并在实际工程中根据监测数据动态修正,使得城市深基坑参数体系越发精细,有效支撑中心城市地下结构群环境深基坑决策。

2.4.1   济南城市岩土工程勘察标准地层

1. 济南市区标准地层及层序[32]

同一城市不同勘察单位各自具有岩土工程技术经验和表达习惯,导致同一场地、不同工程单体、不同勘察单位地层定名与物理力学指标存在明显差距,不仅影响行业内地层勘察成果的共享和利用，而且也给后续技术决策带来困惑，制约城市岩土工程理论和技术进步。

正因此，山东大学基坑与深基础工程技术研究中心牵头，组织济南市 8 家骨干勘察单位，广泛调研、分析、讨论济南城市地质研究成果，集成济南市勘察行业多年经验，明确济南市区地貌单元可划分为中低山、低山、丘陵、山间冲洪积平原、山前冲洪积平原、黄河冲积平原 6 种主要类型，按照"年代—成因—岩性"轴线确定层序，建立基于以往勘察大数据为基础的标准地层，包括 17 个层组，40 个主层。统一未来工程勘察地层与层序，编制并发布了《济南市区岩土工程勘察地层层序划分标准》DB37/T 5131—2019[32]，形成以市区范围为平面，以地层序号沿深度逐次展布的城市三维地下空间。

2. 济南深基坑典型地层

根据 2019 年对济南地区基坑工程的分布统计[33]，深基坑工程多集中于市内繁华区域，其地貌单元多属于山前冲洪积平原与山间冲洪积平原，随着济南轨道交通的发展与城市规划对辖区内黄河的重视，黄河冲积平原也将出现一批深基坑工程。因此，将山间冲洪积平原、山前冲洪积平原、黄河冲积平原对应的地层组成定位为济南深基坑工程典型地层。

2.4.2　典型地貌单元标准地层 HSSM 参数

1. 山前冲洪积地貌标准地层 HSSM 参数

（1）工程概况

济南某双层岛式地铁车站，采用明挖法施工。标准段基坑深 16.5m、宽 23.9m，围护结构为 ϕ1000@750 钻孔灌注咬合桩，盾构井段基坑深 18.7m、宽 27.2m，围护结构为 ϕ1000@750 钻孔灌注咬合桩，换乘节点段基坑深 20m、宽约 40m。该车站结构总长超 500m，标准段与盾构段基坑工程施工相对简单。换乘节点段基坑开挖深、宽度大且为单独施工，难度较大，以此选取山前冲洪积地貌标准地层小应变参数。图 2-37 为换乘节点段开挖实景。

图 2-37　换乘节点段基坑开挖实景

（2）基坑工程标准地层

建设场区属济南市山前冲洪积平原地貌单元。勘察期间未见地表水，静止水位埋深 4.65～6.20m，相应静止水位标高为 26.30～27.17m，地下水位南高北低，地下水有自南向北渗流趋势，覆盖地层主要为第四系冲洪积地层，各土层物理力学性质稳定，换乘节点段勘探深度范围内地层自上而下涉及标准地层 6 层，基本物理力学参数见表 2-7。

地铁车站换乘节点各层土基本物理力学参数　　　　　　　　表 2-7

标准地层序号	勘察层序	埋置深度 /m	天然重度 γ/（kN/m³）	静止侧压力系数 K_0	有效黏聚力 c'/kPa	有效内摩擦角 φ'/°
⑧	③	0.0～-2.0	19.0	0.53	17.5	28
⑨₂	④	-2.0～-7.6	19.2	0.50	15.3	26
⑫₁₄	⑤	-7.6～-13.8	19.6	0.45	5.0	30
⑬	⑥	-13.8～-27.8	19.5	0.50	20.5	25
⑭₂	⑦	-27.8～-36.5	20.5	0.35	4.5	32
⑭₆	⑧	-36.5～-50.0	19.8	0.42	21.3	22

（3）数值模型

基坑典型支撑布置如图 2-26 所示。该换乘节点第 1 道支撑与第 4 道支撑为钢筋混凝土支撑，两道支撑截面尺寸为 800mm×800mm，其余 3 道支撑为钢管支撑，钢管型号为直径 800mm、壁厚 16mm。如图 2-26 所示横撑布置为 3 道钢管支撑，第 4 道混凝土支撑作为主体结构施工过程中的"换撑"，在基坑开挖过程中并不涉及该道支撑。

基坑工程的地基从宏观角度上看是一个半无限空间体，因此基坑工程分析区域理论上无限大，但实际模型一般考虑基坑开挖的影响深度为开挖深度的 2～3 倍，影响宽度为开挖深度的 3～4 倍，基本可消除模型的尺寸效应影响[26]。

该基坑三维数值模型尺寸取 180m×180m×50m，如图 2-38 所示。应用 PLAXS3D 软件进行建模，1000mm 厚 C40 混凝土围护墙采用板单元，支撑、冠梁与腰梁采用梁单元。实际围护结构中为避免支撑因自重较大产生弯曲，设置了格构柱，建模中可忽略格构柱将梁单元自重设置为 0。基坑变形过程中，以上混凝土结构或钢结构变形较小基本处在材料的弹性变形阶段，因此可以按弹性材料设置结构属性。C40 混凝土弹性模量取为 32GPa，其泊松比取 0.2，钢管支撑与钢围檩的弹性模量取 168GPa。

图 2-38　山前冲洪积地貌基坑数值模型及其网格划分

该工程在基坑开挖前已完成排水工作且地下水位埋藏较深，因此计算时可不考虑地下水影响，该换乘节点段基坑计算工况如表 2-4 所示，支撑道号①～④表示第 1～4 道支撑。

（4）参数获取

通过试验、经验和反分析三种方式的综合法获得 HSS 模型 13 个参数。表 2-2 明确了经验选取的 7 个参数，试验可获得 2 个，其他 HSS 模型的 4 个刚度参数通过反分析获得。冲洪积地貌标准土层 HSS 模型四类刚度参数试探值见表 2-8。

HSS 模型四类刚度参数试探值　　　　　　　　　　　　　　　表 2-8

土层序号	勘察层序	E_s^{1-2}/MPa	E_{oed}^{ref}/MPa	E_{50}^{ref}/MPa	E_{ur}^{ref}/MPa	G_0^{ref}/MPa
⑧	③	5.0	5.0	7.5	37.5	75.0
⑨₂	④	7.2	7.2	10.8	54.0	108.0
⑫₁₄	⑤	23	23.0	23.0	69.0	115.0
⑬	⑥	9.0	9.0	13.5	67.5	135.0
⑭₂	⑦	35.0	35.0	35.0	105.0	105.0
⑭₆	⑧	12.0	12.0	18.0	90	180

参数分析时应选择开挖深度适宜的工况进行对比计算，图 2-23 为参数分析满足式(2-1)

时，AE 段挡土墙中点处水平位移数值计算结果与实测值的对比，此时基坑开挖深度约为 14.3m，第 3 道支撑设置完毕。从图 2-23 中可以看出计算与实测曲线吻合良好，最大位移分别为 7.45mm 与 6.94mm，且位置基本一致。

表 2-9 为参数反分析结束时各刚度参数的终止值，即山前冲洪积地貌单元深基坑标准地层 HSS 模型四类刚度参数可以勘察报告中压缩模量 $E_s^{1\text{-}2}$ 为基准，黏性土 $E_s^{1\text{-}2}:E_{oed}^{ref}:E_{50}^{ref}:E_{ur}^{ref}:G_0^{ref}$ 按 1:1:1:8:12 取值，砂土或者卵石可按照 1:1:1:2.5:4.2 取值。

HSS 模型刚度参数最终取值　　　　　　　　　　　　　　　表 2-9

土层序号	勘察层序	E_{oed}^{ref}/MPa	E_{50}^{ref}/MPa	E_{ur}^{ref}/MPa	G_0^{ref}/MPa
⑧	③	5.0	5.0	37.5	75.0
⑨₂	④	7.2	10.8	54.0	108.0
⑫₁₄	⑤	23.0	23.0	69.0	115.0
⑬	⑥	9.0	13.5	67.5	135.0
⑭₂	⑦	35.0	35.0	105.0	105.0
⑭₆	⑧	12.0	18.0	90	180

（5）参数验证

采用上述参数进行基坑开挖模拟，得到工况 9 基坑开挖至坑底时支护墙 AE 中点处的最大水平位移计算与实测结果分别为 11.85mm 与 13.73mm，如图 2-39 所示，证明选取参数体现了土体对支护结构的真实作用。

上述参数经受了邻近某大剧院配套高层工程的验证。两个项目同属山前冲洪积平原地貌，相距 2.5km。以上参数结合该剧院勘察报告得到 HSSM 参数，见表 2-10。图 2-40（a）是该剧院配套高层基坑支护挡墙水平位移监测数据，图 2-40（b）是采用表2-10 参数计算所得对应挡墙水平位移曲线。因基坑 −6.0m 以上为放坡开挖，无挡墙水平位移数据，实测数据监测点与数值计算曲线提取点相同，对比结果证明了参数及获取方法的科学性、真实性和可推广性。

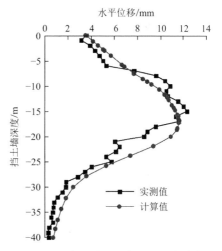

图 2-39　支护墙 AE 水平位移计算值
与实测值对比（工况 9）

某大剧院基坑土层 HSSM 参数　　　　　　　　　　　　　表 2-10

参数	①素填土	⑨₂ 粉质黏土	⑫₁₄ 中砂	⑬₁ 粉质黏土
c'/kPa	10.0	23.1	0	24.1
φ'/°	15.0	16.3	35	19.2
K_0	0.74	0.71	0.43	0.67
ψ/°	0	0	5	0
p^{ref}/kPa	100			
m	0.75	0.75	0.5	0.75
R_f	0.9			

续表

参数	①素填土	⑨₂粉质黏土	⑫₁₄中砂	⑬₁粉质黏土
v_{ur}	0.2			
$\gamma_{0.7}/(\times 10^{-4})$	2.0	2.2	2.0	2.3
E_{oed}^{ref}/MPa	4.5	7.9	19	9.6
E_{50}^{ref}/MPa	4.5	7.9	19	9.6
E_{ur}^{ref}/MPa	36.0	63.2	66.5	76.8
G_0^{ref}/MPa	54.0	94.8	79.8	115.2

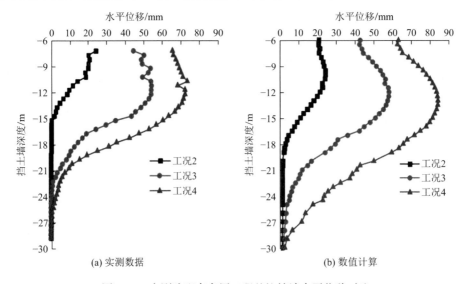

图 2-40　大剧院配套高层工程基坑挡墙水平位移对比

2. 山间冲洪积地貌地层参数

采用上述方法获得山间冲洪积地貌代表性地层参数终值[14]，见表 2-11。

山间地貌单元基坑土体 HSSM 刚度参数终值　　　　表 2-11

土层序号	E_s^{1-2}/MPa	E_{oed}^{ref}/MPa	E_{50}^{ref}/MPa	E_{ur}^{ref}/MPa	G_0^{ref}/MPa
①₁	6.23	6.23	6.23	43.61	65.42
⑭₅	6.11	6.11	6.11	48.88	73.2

3. 黄河冲积平原地貌地层参数

黄河冲积平原地貌单元标准地层 HSSM 参数见表 2-12[14]。

某工作井基坑土层 HSSM 刚度参数终值　　　　表 2-12

土层序号	E_s^{1-2}/MPa	E_{oed}^{ref}/MPa	E_{50}^{ref}/MPa	E_{ur}^{ref}/MPa	G_0^{ref}/MPa
①₁	5.50	5.50	5.50	41.25	61.87
③	5.92	5.92	5.92	44.40	66.60
⑥₄	6.97	6.97	6.97	52.30	78.40
⑨₁	7.22	7.22	7.22	50.54	65.70

续表

土层序号	$E_s^{1\text{-}2}$/MPa	E_{oed}^{ref}/MPa	E_{50}^{ref}/MPa	E_{ur}^{ref}/MPa	G_0^{ref}/MPa
⑩	6.76	6.76	6.76	50.7	76.05
⑪	7.63	7.63	7.63	53.41	80.15
⑫	9.12	9.12	9.12	63.84	95.76
⑭₅	9.04	9.04	9.04	63.32	94.97

综上所述，应用深基坑整体设计方法，以勘察测试、经验参考为基础，结合岩土位移反分析，获得了济南三类典型地貌单元深基坑标准地层 HSSM 参数和初步指标，经相关工程案例证明具有科学性和普遍性。非反分析参数按照表 2-2 和试验方法取值，4 个刚度参数见表 2-13。

济南典型地貌单元标准地层基坑 HSSM 刚度参数取值[14]　　表 2-13

典型地层	以 $E_s^{1\text{-}2}$ 为基准，$E_s^{1\text{-}2}:E_{oed}^{ref}:E_{50}^{ref}:E_{ur}^{ref}:G_0^{ref}$ 参数比例
山前冲洪积	黏性土 1∶1∶1∶8∶12
	砂土或者卵石 1∶1∶1∶3.5∶4.2
山间冲洪积	黏性土 1∶1∶1∶8∶12
	填土 1∶1∶1∶7∶10.5
黄河冲积	填土与埋深较浅黏性土：1∶1∶1∶7.5∶11.25
	粉土 1∶1∶1∶7∶9.1
	埋置较深黏性土 1∶1∶1∶7∶10.5

2.4.3　城市深基坑工程设计决策[30]

基于城市地质和岩土工程条件，划分深、浅基坑，建立土的小应变强化模型参数体系，强调和突出深基坑采用三维整体设计法集约化决策，解决地下结构群环境深基坑支护与既有结构相互作用问题，从而完善现有计算理论和设计方法，提升城市深基坑设计质量，保证城市建设安全。现以案例示范城市深基坑设计决策过程（图2-41）。

1. 城市深基坑工程决策系统内容

（1）城市标准地层及其层序；

（2）基于工程经验的典型地貌的 HSSM 参数体系；

（3）深基坑深度界限；

（4）三维整体设计法决策；

（5）实施后的参数体系修正和主动优化。

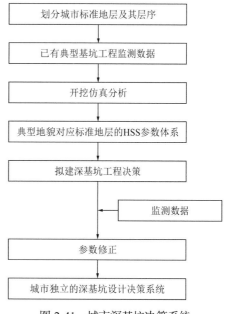

图 2-41　城市深基坑决策系统

2. 工程设计决策示范

1）案例简介

济南轨道交通某换乘车站工程分期实施情况如图 2-42 所示。一期实施范围内基坑完工，本次开挖 A 基坑。A 基坑长约 55.6m，宽约 52.7m，深约 26.5m。济南地区深基坑临界深度为 15m，A 基坑开挖深度大于 15m，因此 A 基坑为深基坑，应采用三维整体设计法选型决策。

图 2-42　A 基坑周边环境

2）典型地貌单元与参数体系

根据拟建车站位置，建设场地属山前冲洪积平原地貌（图 2-43），根据表 2-2、表 2-13，结合岩土工程勘察，选定 HSS 参数体系。

3）初步方案

根据基坑所处周边环境、工程和水文地质条件、基坑深度及形状，经技术经济综合比较和工程类比，初步选定基坑 A 围护结构采用 ϕ1500@1900 钻孔灌注桩，桩长 48m；地下水控制措施为基坑内降水 + 坑外回灌，截水帷幕采用 ϕ800@1900 桩间旋喷桩 + ϕ800@450 桩外旋喷桩，桩长 45m；竖向设置四道钢筋混凝土支撑，基坑典型支撑布置平面图见图 2-44。

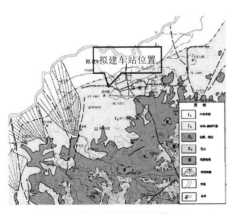

图 2-43　A 基坑地貌单元

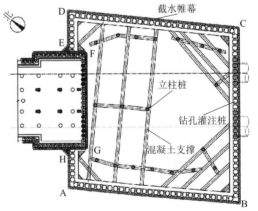

图 2-44　A 基坑初步方案

4）数值模型与验证

根据数值模型经验，得到 Ou 公认文献验证（图 2-33），证明数值模型（图 2-45）科学性。

图 2-45　A 基坑数值模型与单元划分

5）设计方案决策

（1）确定最敏感变形

开挖过程显示 BC 段中点变形最敏感，提取 BC 段板桩墙工况 7、9、11 的水平位移，如图2-46 所示，看出开挖至−26.5m（工况 11）时围护结构最大水平位移为 22.15mm。A 基坑围护结构水平位移控制值为 30mm，警戒值为控制值的 70%，即 21mm。若不采取其他措施，当基坑开挖到底时，围护结构水平位移将超过 A 基坑围护桩体水平位移的警戒值，存在安全隐患。因此，需要优化方案对 BC（图 2-44）中点变形进行控制。

（2）优化方案

考虑左侧一期车站结构已经完成，利用中板平面内刚度无限大，在第 2 道与第 3 道混凝土支撑间加设 6 根钢支撑，位于第 2 道混凝土支撑下

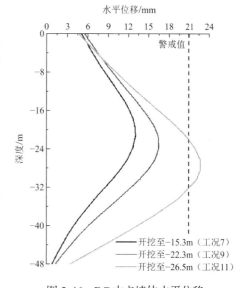

图 2-46　BC 中点墙体水平位移

2m 位置，北侧撑于既有中板边梁，南侧采用槽钢支架固定在第 2、3 道混凝土支撑之间，新增钢支撑轴力控制值为 1250kN。该方案理论上可减少桩体位移，优化方案示意图见图 2-47。

进一步分析发现，加撑前后围护结构变形模式基本一致，见图 2-48，加撑前围护结构水平位移为 22.15mm，加撑后位移变为 19.64mm，较原来减少了 11.3%；加撑效果明显，可以此作为设计方案，组织施工。

综上，基于城市深基坑决策系统，以拟建基坑为例重点展示了设计决策过程。其中数值模型、计算分析、优化

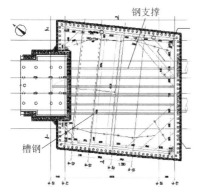

图 2-47　加撑优化方案

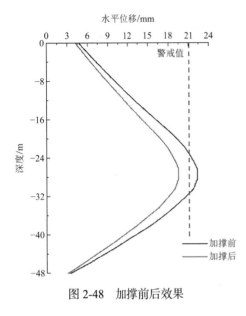
图 2-48　加撑前后效果

方案等并非最优,重在表达方法,具体工程时应多方案比选,切实获得最佳效果。

2.5　本章小结

　　基于多年探索和系统总结,明确土的本构关系、参数体系和模型的科学性是基坑工程数值模拟的关键,提出了深基坑三维整体设计法,证明该方法能够有效分析和决策地下结构群深基坑;定义了突出城市地质特征的"深、浅"基坑概念及其划分依据;基于已有工程经验,获得了典型地貌深基坑标准地层小应变强化模型参数体系,明确并示范城市深基坑决策系统内容、程序和优化机制。

参 考 文 献

[1]　郑刚, 邓旭, 刘畅, 等. 不同围护结构变形模式对坑外深层土体位移场影响的对比分析[J]. 岩土工程学报, 2014, 36(2): 273-285.

[2]　郑刚, 王琦, 邓旭, 等. 不同围护结构变形模式对坑外既有隧道变形影响的对比分析[J]. 岩土工程学报, 2015, 37(7): 1181-1194.

[3]　宋二祥. 土力学理论与数值方法[M]. 北京: 中国建筑工业出版社, 2020.

[4]　王卫东, 王浩然, 徐中华. 基坑开挖数值分析中土体硬化模型参数的试验研究[J]. 岩土力学, 2012, 33(8): 2283-2290.

[5]　伍程杰, 俞峰, 龚晓南, 等. 开挖卸荷对既有群桩竖向承载性状的影响分析[J]. 岩土力学, 2014 , 35(9): 2602-2608.

[6]　徐帮树, 张芹, 李连祥, 等. 基坑工程降水方法及其优化分析[J]. 地下空间与工程学报, 2013, 9(5): 1161-1165.

[7]　李连祥, 李术才. 济南地区深基坑工程管井降水的工程计算方法[J]. 岩土工程界, 2009 12(1): 48-52.

[8]　李连祥, 张海平, 徐帮树, 等. 考虑 CFG 复合地基对土体侧向加固作用的基坑支护结构优化[J]. 岩土工程学报, 2012, 34(S1): 500-506.

[9]　闫明礼, 张东刚. CFG 桩复合地基技术及工程实践[M]. 2 版. 北京: 中国水利水电出版社, 2006.

[10]　张树龙. 既有复合地基侧向力学性状研究[D]. 济南: 山东大学, 2015.

[11]　姚仰平, 张丙印, 朱俊高. 土的基本特性、本构关系及数值模拟研究综述[J]. 土木工程学报, 2012, 45(3): 127-150.

[12]　罗汀, 姚仰平, 侯伟. 土的本构关系[M]. 北京: 人民交通出版社, 2010.

[13]　徐中华, 王卫东. 敏感环境下基坑数值分析中土体本构模型的选择[J]. 岩土力学, 2010, 31(1): 258-264.

[14]　刘嘉典. 深基坑整体设计法与济南典型地层小应变参数取值研究[D]. 济南: 山东大学, 2020.

[15]　宋广, 宋二祥. 基坑开挖数值模拟中土体本构模型的选取[J]. 工程力学, 2014, 31(5): 86-95.

[16]　李连祥, 张永磊, 扈学波. 基于 PLAXIS 3D 有限元软件的某坑中坑开挖影响分析[J]. 地下空间与工

程学报, 2016, 12(S1): 254-261+266.

[17] 住房和城乡建设部. 建筑基坑工程监测技术标准: GB 50497—2019[S]. 北京: 中国计划出版社, 2019.

[18] 住房和城乡建设部. 城市轨道交通工程监测技术规范: GB 50911—2013[S]. 北京: 中国建筑工业出版社, 2014.

[19] 刘畅. 考虑土体不同强度与变形参数及基坑支护空间影响的基坑支护变形与内力研究[D]. 天津: 天津大学, 2008.

[20] 王卫东, 王浩然, 徐中华. 基坑开挖数值分析中土体硬化模型参数的试验研究[J]. 岩土力学, 2012, 33(8): 2283-2291.

[21] 王卫东, 王浩然, 徐中华. 上海地区基坑开挖数值分析中土体 HS-Small 模型参数的研究[J]. 岩土力学, 2013, 34(6): 1766-1775.

[22] 刘国彬, 王卫东. 基坑工程手册[M]. 2 版. 北京: 中国建筑工业出版社, 2009.

[23] 欧章煜. 深开挖工程分析设计理论与实务[M]. 台北: 科技图书, 2002.

[24] OU C Y, LIAO J T, CHENG W L. Building response and ground movements induced by a deep excavation [J]. Géotechnique, 2000, 50(3): 209-220.

[25] SCHUSTER M, KUNG G T C, JUANG C H, et al. Simplified model for evaluating damage potential of buildings adjacent to a braced excavation[J]. Journal of Geotechnical and Geoenvironmental Engineering, 2009, 135(12): 1823–1835.

[26] 李连祥, 刘嘉典, 李克金, 等. 济南典型地层 HSS 参数选取及适用性研究[J]. 岩土力学, 2019, 40(10): 4021-4029.

[27] 黄茂松, 张陈蓉, 李早. 开挖条件下非均质地基中被动群桩水平反应分析[J]. 岩土工程学报, 2008(7): 1017-1023.

[28] 李连祥, 符庆宏. 临近基坑开挖复合地基侧向力学性状离心试验研究[J], 土木工程学报, 2017, 50(6): 1-10.

[29] 李连祥, 黄佳佳, 季相凯. 黏性土复合地基挡墙侧压力研究[J]. 岩土工程学报, 2019, 41(S1): 89-92.

[30] 侯颖雪. 城市深基坑工程决策系统理论与设计方法研究[D]. 济南: 山东大学, 2023.

[31] 李俊. 侧向基坑开挖对邻近地铁站线结构影响的两阶段分析[D]. 杭州: 浙江大学, 2021.

[32] 山东省住房和城乡建设厅. 济南市区岩土工程勘察地层层序划分标准: DB37/T 5131—2019[S]. 济南: 山东大学出版社, 2019.

[33] 王国富, 路林海, 王婉婷, 等. 济南地区典型基坑工程信息统计分析[J]. 城市轨道交通研究, 2019(8): 72-76.

第 3 章 集约化结构分析理论

城市综合体决定地下结构群共同存在。无论新建还是改建、拓建，地下结构施工总有先后顺序，彼此必然发生共同作用。基坑开挖是地下空间建设的关键工序，保证既有结构安全必须掌握开挖对地下结构及其之间的相互影响。本章以大面积 CFG 复合地基之中[1]的山东省会艺术中心（大剧院）台仓基坑为背景，以复合地基对支护结构的侧压力为研究目标，介绍复合地基近接基坑开挖离心试验技术，揭示了复合地基与支护结构开挖动态应力位移规律，阐述地下结构群环境集约化结构分析的必要，同时显示多种多样地下结构与岩土条件集约化作用解析解的艰辛和不可能。

3.1 地下结构群建设需要集约化分析

3.1.1 城市综合体决定地下结构群

1. 城市综合体是城市功能的主要载体

随着城市发展，城市综合体不断涌现。以济南为例，槐荫区济南西站、山东省会文化艺术中心（大剧院）、西城国际会展中心、和谐广场、连城广场；市中区万达广场、领秀城贵和购物中心、环宇城；历下区恒隆广场、世茂国际广场、CCPARK 创意港、玉函银座；天桥区名泉广场、缤纷五洲广场；高新区万达广场、银座购物广场、美莲广场、丁豪广场等。有的交通分流，有的文化享受，还有的购物、餐饮、娱乐应有尽有。这些综合体既是城市必要的基础设施，也是城市发展和功能的标志。

2. 城市综合体决定地下结构群体共同存在

郑怀德[2]分析了地下城市综合体的空间需求（图 3-1），济南上述城市综合体的相关功能都可在图 3-1 中定位。这些地下空间群体由地下结构实现，城市综合体决定了地下结构群体共同存在（图 3-2）。

因此，随着国家城市发展战略实施，城市综合体建设成为重要趋势，决定地下结构群将越来越多、越来越深、越来越大。

3.1.2 地下结构群的共同作用

城市综合体内地铁车站或车站相邻地块开发，使原有地下结构共同存在状况被打破，地下结构群共同作用自邻近项目建设开始，直至项目结束增加的、更大范围或更密集的地下结构实现新的平衡。

1. 城市综合体建设的关键是开挖

地下综合体是地下空间综合体，之所以形成地下空间，是通过结构物支挡拟建地下空间的外部岩土体，挖出拟建地下空间场地的土体，从而构造目标地下空间。因此地下空间建设的关键是岩土体开挖，它是引起拟建场地既有地下结构群相互作用的主要根源。

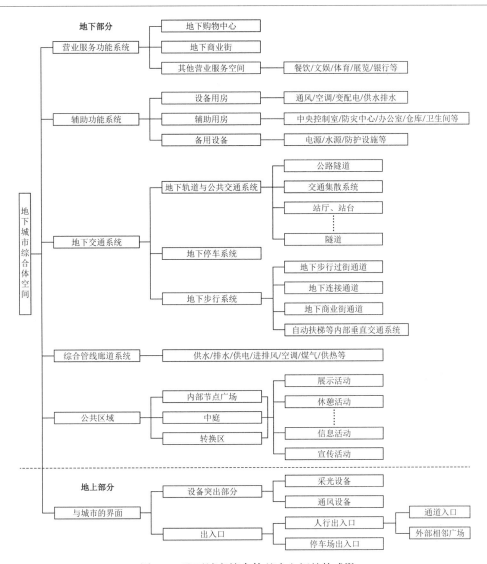

图 3-1　地下城市综合体基本空间的构成[2]

城市地下综合体是地下结构群体，其形成过程体现在建设顺序，即使同一项目也存在施工的先后顺序。地下结构群环境的岩土体局部开挖，即使采用基坑支护，照样引起周边岩土体卸载，邻近开挖面岩土体产生位移，作用于支护结构，同时周边岩土体与既有地下结构相互作用，一方面岩土体对已有结构施加侧压力；另一方面既有结构遮拦岩土体位移。

2. 开挖的关键是既有结构变形安全

基坑开挖改变既有地下结构群应力场和位移场，关键是既有结构变形安全。由于既有结构先期建设，往往无法预测后续地下综合体的建设和改造，一般不会考虑未来土体卸载产生的侧压力。一定侧压力对应相应变形，实现地

图 3-2　地下结构群共同存在

下综合体建设目标，既有结构必须变形安全，即存在变形控制标准。

3. 安全的关键是支护

地下结构群环境深基坑开挖，既有结构安全关键是支护结构能够保证其安全。一方面不能盲目保守，使支护结构太刚，投入大量建筑材料；另一方面更不能太柔，缺乏有效控制既有结构安全变形的能力。因此，选择或者设计适宜的支护结构是既有结构的安全关键。

4. 支护的关键是荷载

支护结构设计关键是其承担的荷载。目前基坑工程理论或设计方法把土压力当成主要荷载，现有规范[3]基本采用朗肯土压力。前述已经分析，朗肯土压力假设墙体表面垂直光滑，填土水平且无限远。在地下结构群环境中，深基坑外侧存在既有结构，既有结构发挥遮挡作用，支护结构设计荷载不能按既有土压力理论分析，需考虑既有结构安全变形条件对土体的遮挡作用，只有这样才能得到正确的荷载，获得适宜的支护。

5. 荷载的关键是结构群的共同作用

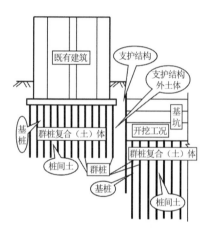

图 3-3　基坑邻近地下结构群

由于深基坑处于地下结构群环境，支护结构外侧存在既有结构，因此就不能按照经典土压力进行支护结构荷载分析。如图 3-3 所示，要正确设计支护结构，必须明确主动区既有复合地基、被动区坑底群桩对常规主、被动土压力的改变，即在土体中考虑既有结构对土体的遮挡作用。实际上，基坑开挖，坑内土体卸荷，坑外土体由近及远依次向基坑方向位移，发生顺序是越近的土体位移发生的时刻越早。当坑外某一位置存在既有结构时，桩、隧道、管廊、地下室等受到其后土体推动，同时由于自身刚度远大于土体，将阻挡土体进一步位移发挥遮挡作用，从而改变经典土压力作用，形成"坑内土体开挖卸荷-基坑支护结构位移-坑外土体变形-既有结构位移"变形机制，同时也会产生"支护结构-土体-既有结构-土体"的共同作用，由此决定了支护结构设计的依据——荷载。

6. 地下结构群（图 3-4、图 3-5）深基坑集约化设计理论

地下结构群环境深基坑支护结构设计理论就是在考虑既有结构存在基础上，保证既有结构安全条件下，确定支护结构荷载，完成支护结构设计。主要具有以下特征：

（1）变形控制——既有结构安全变形控制标准决定支护结构变形预警值；

（2）"既有结构-土体-支护结构"相互作用机理；

（3）遮挡作用——既有结构减少原状土压力的部分；

（4）侧压力——支护结构考虑既有结构遮挡作用的水平荷载。

城市综合体是现代中心城市建设的重点，承载城市居民吃、穿、住、行等全方位阶段功能，其地下空间建设决定了综合体地下结构群体共同存在（图 3-2~图 3-5）。社会发展、技术进步、人民生活的新需求不断为城市综合体赋予新的功能，促使地下空间进一步地开发、改造和拓展。图 3-4 为济南西站站房与地铁 1 号线预埋车站地下结构群，只要地铁车站后建，就会对主站房主线引桥及站房结构产生影响。图 3-5 为西城会展中心地铁车站与会展中心桩基结构群。尽管车站与会展中心同期建设，但会展中心桩基先期施工，地铁车站开挖，车站

及坑外侧会展中心桩基及其柱子就会产生向车站方向侧移。显而易见，后续建设将导致新的基坑工程必须考虑周围既有地下结构安全，以及安全条件下支护结构的侧压力。因此，明确地下结构群环境深基坑支护结构设计理论是基坑工程进步的重要方向，且具有迫切性。

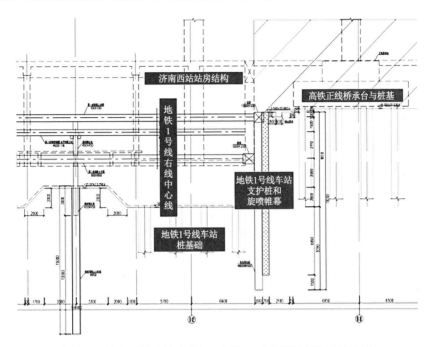

图 3-4　济南西站主站房内与 1 号线轨道交通局部地下结构群

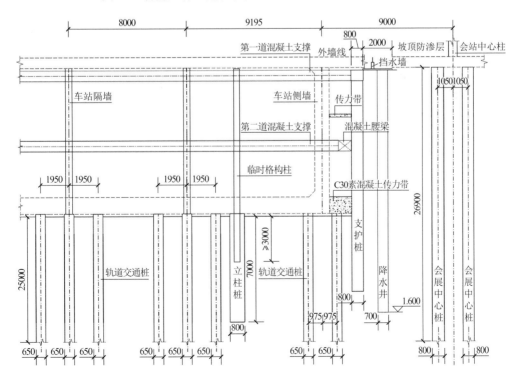

图 3-5　济南西城会展中心地铁车站处地下结构群

3.2　复合地基基坑支护离心试验技术

通过对济南省会文化中心（大剧院）台仓支护结构进行优化[1]，发现既有复合地基的侧向加固能力存在且不可小视，但并不清楚复合地基安全变形，以及安全变形条件与支护结构的作用，即对双排桩的侧压力。因此，呼吁业内关注地下结构群环境深基坑开挖对既有结构的影响，并进一步坚定在该方向逐步推进。在缺乏有效理论指导下，开展并形成了复合地基近接开挖离心试验成套技术。

3.2.1　基坑工程离心试验技术

1. 基坑工程离心模型试验原理

传统岩土工程室内试验是在常重力条件下通过缩尺模型实现，对以自重为主要荷载的结构，不能反映原型应力状态，导致模型试验无法模拟原型所发生的现象。离心模型试验通过对模型施加相当于 N 倍重力加速度 g 的离心加速度来改变土体重度 $\gamma (= \rho Ng)$，弥补自重损失，使模型与原型的应力应变相等、变形相似、破坏机理相同，再现原型特性。

2. 基坑工程离心模型试验关键技术[4,5]

（1）地基土制备；

（2）开挖方式和工况模拟；

（3）支护结构模型制作与安装；

（4）加载实现；

（5）试验测试仪器及布置。

3. 土体基坑离心试验模型设计[5-9]

（1）选定离心机试验平台

选定浙江大学离心机试验中心大型土工离心机 ZJU-400（图 3-6），主要参数指标见表 3-1。

图 3-6　土工离心机 ZJU-400 构造

离心机主要技术参数   表 3-1

项目	技术参数
转动半径	4.5m
最大加速度	150g
有效荷载（模型＋模型箱）	150g，2700kg
最大容量	400g·t
数采通道	64 路
吊篮净空	1.5m×1.2m×1.5m（长×宽×高）
模型箱	1.0m×0.4m×1.0m（长×宽×高）
其他	摄影、摄像、电气通道等

（2）明确相似比尺

离心模型试验遵循相似理论，根据相似第一、第二、第三定理，离心试验中常用物理量的相似比见表 3-2。根据试验平台相关尺寸，相似比尺可取 $N = 40$。

常用物理量模型原型相似比　　　　　　　　　　　　表 3-2

物理量	相似比尺	物理量	相似比尺
长度	$1 : N$	黏聚力	$1 : 1$
位移	$1 : N$	内摩擦角	$1 : 1$
面积	$1 : N^2$	均布荷载	$1 : 1$
含水率	$1 : 1$	抗弯刚度	$1 : N^4$
重度	$N : 1$	抗压刚度	$1 : N^2$
质量	$1 : N^3$	应力应变	$1 : 1$

4. 天然土体基坑开挖模型制作[6,7]

（1）砂土地基：地基土体材料采用福建标准砂，$E = 24\text{MPa}$、$\nu_s = 0.3$，土体参数如表 3-3 所示。

福建砂物理力学参数　　　　　　　　　　　　表 3-3

相对密实度 $D_r / \%$	干重度 γ_d / (kN/m^3)	黏聚力 c / kPa	平均粒径 d_{50} / mm	天然孔隙比 e	最小孔隙比 e_{min}	最大孔隙比 e_{max}	内摩擦角 $\varphi / °$
85	15.9	0	0.17	0.663	0.6117	0.957	32

（2）粉质黏土地基：模型土体材料采用场地粉质黏土，土体参数见表 3-4。

粉质黏土物理力学参数　　　　　　　　　　　　表 3-4

含水率 $\omega / \%$	重度 γ / (kN/m^3)	天然孔隙比 e	液限 $\omega_L / \%$	塑限 $\omega_P / \%$	压缩模量 E_s / MPa	黏聚力 c / kPa	内摩擦角 $\varphi / °$
18	18.8	0.70	30.0	17.8	6.44	15.6	24.8

（3）支护桩模拟：离心模型试验拟采用铝合金板模拟基坑支护桩。铝合金弹性模量 $E_{Al} = 68.9\text{GPa}$，$\nu_{Al} = 0.3$；钢筋的弹性模量 $E_s = 2.0 \times 10^5 \text{MPa}$。

计算得到铝板参数：高度 550mm，厚度 9.5mm，宽度 400mm。

5. 基坑开挖监测系统[5-7]

（1）地表沉降：在无加载的试验中，地面设置 4～5 个激光位移传感器，如图 3-8 所示，期望获得基坑开挖的地面沉降规律。

（2）围护桩弯矩：在模型铝板上安装应变片测试围护结构弯矩，沿围护结构高度布置 12 个应变片，参见图 3-7。

（3）围护结构土压力：在模型围护铝板上安装土压力传感器，每组试验布置 4～6 个，位置在铝板背后 20mm 位置（图 3-8）。

土压力传感器需按试验条件进行标定[7]。专门设计制作了针对饼状和 T 形（图 3-9）土压力传感器的标定方法和装置（图 3-10），以水、粉质黏土和福建标准砂为标定介质，考虑有无刚性靠背两种工作状态对多个传感器进行室内标定，得到标定系数。

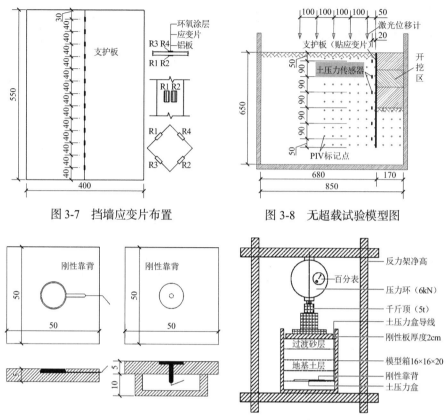

图 3-7　挡墙应变片布置　　　　图 3-8　无超载试验模型图

图 3-9　土压力传感器嵌入方法[7]　　　图 3-10　标定装置示意图[7]

6. 非停机开挖装置研究与开发[9]

（1）核心思路

新型超重力基坑开挖思路模拟挖掘机作业方式，将挖斗土方折算为土袋，通过移出土袋实现模型开挖，如图 3-11 所示。土袋构造和移出土袋装置（图 3-12）则为开挖的核心创新，保证了基坑开挖条件与实际工程同样的重力场。

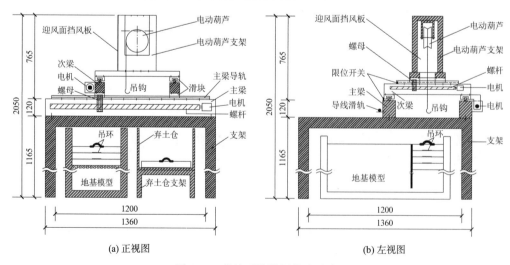

(a) 正视图　　　　　　　　　　(b) 左视图

图 3-11　基坑开挖装置构造示意

（2）模拟土层开挖构造

模拟土层开挖构造包括土袋、压板、吊带环、弹簧等。模拟土层的作用是代替开挖区土体，根据工况，可分数层。如图 3-12 所示是模拟土层的基本构造。

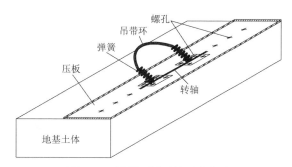

图 3-12　模拟土层开挖基本构造

7. 基坑开挖离心试验验证[6,9]

（1）试验模型

砂土地基模型（相当原型）厚度 650mm（26m），长度 850mm（34m），宽度 400mm（16m），为平面应变模型。其中支护结构深度 550mm（22m），开挖区深度 25cm（10m），分 3 层，各层深度依次为 60mm（2.4m），80mm（3.2m），110mm（4.4m）。试验装置安装见图 3-13。

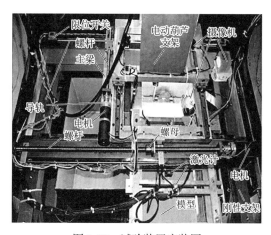

图 3-13　试验装置安装图

（2）结果分析

主动区土压力分布形式及变化规律如图 3-14 所示，随基坑开挖，挡墙弯曲变形加剧，引起主动区土体卸荷，土压力重新分布。

开挖前即 Step0 阶段，静止侧向土压力分布随着土体深度的增加基本呈线性增加。该阶段侧向土压力和地基土竖向应力对应关系见图 3-15，通过拟合可得到静止侧压力系数 $K = 0.4523$，相对密实度 85%的福建标准砂内摩擦角约为 32°，通过 $K_0 = 1 - \sin\varphi$ 估算静止侧压力系数为 0.47，与拟合得到的 K 值相近，基本符合经典静止土压力理论，证明基坑开挖整体模型和离心机试验方法可以进行基坑开挖相关科学规律研究。

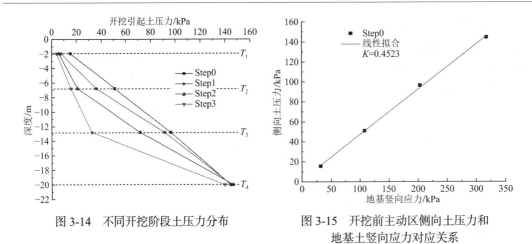

图 3-14 不同开挖阶段土压力分布　　　　图 3-15　开挖前主动区侧向土压力和
　　　　　　　　　　　　　　　　　　　　　　　　地基土竖向应力对应关系

注：Step0、1、2、3 分别指开挖前和开挖第一、二、三阶段，下同。

8. 确定砂土地基模型[6-11]

经过 2 组砂土、1 组粉质黏土 3 组试验对模型与系统的运行检验，非停机开挖装置符合基坑开挖工况要求，证明基坑开挖离心试验具有科学性。对比砂土与粉质黏土围护结构土压力、地表沉降、地基变形和挡墙弯矩，判定砂土地基指标易于控制，复合地基近接基坑开挖离心试验选用砂土地基。

3.2.2　既有复合地基开挖离心试验设计

在土体开挖模型基础上，针对工程原型设置复合地基及其载荷，明确复合地基桩、土测试内容及方法，协调离心试验平台数据传输是复合地基近接开挖模型制备的关键技术。

1. 确定工程原型

以济南省会文化艺术中心项目大剧院台仓基坑为试验原型。该基坑开挖深度 12.75m，基坑周边地基均以 CFG 桩进行加固，形成复合地基，上覆荷载 220kPa，基坑支护采用双排钢筋混凝土钻孔灌注桩＋锚杆形式，桩长 22m，如图 2-15 所示。

2. 加载系统[4-6,8,9]

既有复合地基一般具有均布荷载，试验加载装置由三部分组成：气囊、反力板和 L 形错动板。反力板固定在支架上，气囊置于反力板下，气囊充气膨胀，反力板为气囊提供反力施加到复合地基；L 形错动板一面与反力板侧壁光滑接触，一面与地基土接触，保证软体气囊不会从空隙中挤出，限制加载范围。整个加载装置的构造如图 3-16 所示。

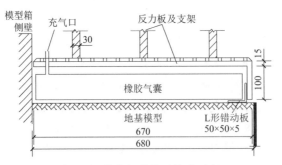

图 3-16　均布加载装置构造示意

3. 复合地基试验模型

（1）复合地基桩的模拟

工程实际复合地基中的 CFG 桩采用长螺旋钻机成孔，管内泵压混凝土成桩，混凝土强度等级 C20，直径 400mm。CFG 桩主要承受上部荷载，模型桩制作中考虑 CFG 桩抗压刚度等效，同时以面积置换率 m 为依据标准，模拟现场方形布桩。置换率见式(3-1)：

$$m = \frac{\pi d^2/4}{s^2} \tag{3-1}$$

式中：m——面积置换率；

$\quad\quad\ d$——桩径；

$\quad\quad\ s$——桩间距。

本次试验为保证应变片测量的准确性，选择以铝管桩模拟 CFG 桩。考虑按相似比尺缩制混凝土桩，则模型桩直径仅有 10mm，制作不利且应变片粘贴测试都不理想。综合考虑测试安装等，本次试验以铝合金 6061 管模拟 CFG 桩，按刚性桩抗压刚度等效原则，见式(3-2)：

$$E_{\text{c}} \times \frac{\pi}{4} \times D_{\text{c}}^2 = N^2 \times E_{\text{Al}} \times \frac{\pi}{4} \times (D_{\text{Al}}^2 - d_{\text{Al}}^2) \tag{3-2}$$

式中：E_{Al}——铝合金 6061 材料的弹性模量；

$\quad\quad\ E_{\text{c}}$——混凝土弹性模量；

$\quad\quad\ D_{\text{c}}$——混凝土桩直径；

$\quad\quad\ N$——原型与模型相似比尺；

D_{Al}、d_{Al}——铝管模型桩的外径和内径。确定了模型桩的尺寸及桩间距如表 3-5 所示。

CFG 模型桩相关参数　　　　　　　　　　　　　　　　表 3-5

桩参数	试验组 1	试验组 2
尺寸（外径 × 壁厚 × 桩长）/mm	$20 \times 0.5 \times 350$	
置换率 m	0.0313	0.0491
桩中心距/mm	100	80

（2）复合地基 CFG 桩内力监测

试验布置轴力和弯矩两种应变片。弯矩应变片布置在支护结构和 CFG 桩上，轴力应变片布置在 CFG 桩上，分别设置轴力和弯矩监测 CFG 模型桩。具体可参考图 3-17、图 3-18。

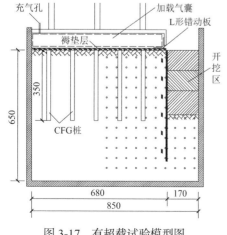

图 3-17　有超载试验模型图

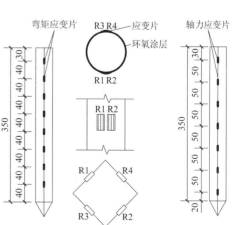

图 3-18　CFG 桩试验应变片布置图

（3）试验模型集成

将铝合金钢管模拟的 CFG 桩与地基土以特定方式放入模型箱（图 3-19），设置地表位移、支护结构变形和内力等监测手段，形成开挖装置、加载系统、监测系统的系统试验模型箱。

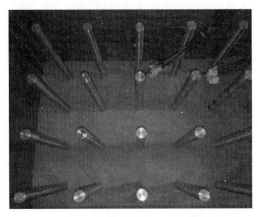

图 3-19　铝管模拟 CFG 桩模型

（4）试验方案

综合考虑研究目标，选择不同置换率（ 0.0313/0.0491 ）、不同上覆荷载（0/180kPa/240kPa），设计 4 组离心机试验，见表 3-6。研究复合地基形成过程（承载 180kPa）桩、土应力和位移规律，揭示支护结构与复合地基开挖过程力学性状与相互作用。复合地基近接基坑开挖模型平面图见图 3-20，揭示复合地基及其支护结构的动态共同作用，明确复合地基侧向力学形状，确定复合地基与支护结构的集约化影响。

复合地基离心试验分组情况表　　　　　　　　表 3-6

试验组序	地基土	模型支护及参数/mm		CFG 桩参数			加载及测量布置				
		留板及尺寸（宽×厚）	支护深度	桩尺寸/mm（外径×壁厚×长度）	桩间距/mm	置换率	加载/kPa	激光位移计	应变片	土压力盒	PIV
1	砂土	400×9.5	550	20×0.5×350	80	0.031 3	×	√	√	√	√
2	砂土	400×9.5	550	20×0.5×350	80	0.049 1	0~180	×	√	√	√
3	砂土	400×9.5	550	20×0.5×350	100	0.031 3	0~180	×	√	√	√
4	砂土	400×9.5	550	20×0.5×350	80	0.049 1	0~240	×	√	√	√

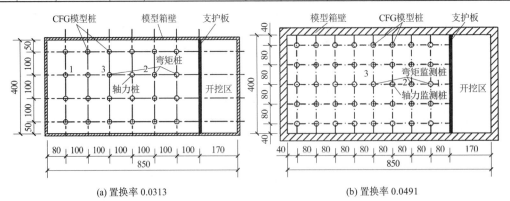

(a) 置换率 0.0313　　　　　　　　　　　　(b) 置换率 0.0491

图 3-20　试验模型俯瞰图

3.3　复合地基及其支护结构开挖动态力学性状[11,14-16]

3.3.1　复合地基形成过程应力位移规律[14-16]

既有复合地基侧向基坑开挖，实际是复合地基正在承担上部结构。要掌握复合地基对支护结构的侧压力，复合地基模型必须模拟承受既有上部荷载的状态。因此复合地基模型加载至正常功能的过程，将是复合地基逐步形成的足迹。目前，对复合地基的认识只是施工结束质量检验的结果，缺乏复合地基受力过程的展示，离心试验加载揭示了复合地基桩、土共同作用的动态规律。以图 3-20（a）试验分析复合地基形成过程。

1. 复合地基形成机制

实际工程的复合地基存在逐步受载的形成过程，即复合地基桩土共同作用形成机制。大致包括如下环节：施工、检测、验收；垫层、基础、结构逐一展开，主体建筑附加荷载渐次施加，直至主体建筑施工完毕交付，复合地基承担设计目标功能，标志复合地基形成。复合地基一般形成机制就是复合地基桩土逐步承担目标荷载的全过程及其变化规律。

（1）桩轴力动态变化规律

桩轴力由桩侧摩阻力 f 和上覆附加荷载 F_p 决定，而侧摩阻力由桩、土间摩擦系数和深度决定。图 3-21 为桩身竖向荷载传递机制，图 3-25（a）是复合地基桩轴力随上覆荷载施加过程的监测结果，默认无载时桩上各处轴力为零。

（2）桩侧摩阻力动态变化规律

定义土体对桩的摩阻力方向向上为正值。图 3-26（a）是加载过程中桩侧摩阻力分布及变化。分析图 3-25（a）和图 3-26（a）可知：在每一级荷载下，桩轴力沿深度方向先增大后减小，表明上部土体沉降大于桩的沉降，桩侧存在负摩阻力且负摩阻力沿深度先增大后减小，进而转变为正摩阻力；一方面，荷载越大，轴力沿深度增长越快，表明荷载越大地基沉降越快，加之土体内附加应力的增加引起桩侧产生的负摩阻力增长更快；另一方面，桩轴力和侧摩阻力在 11m 深度时出现转折，表明试验中桩的承载力并没有有效发挥，原因在于模型桩铝管外侧光滑，砂土地基摩擦系数太小。

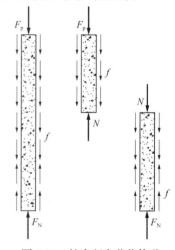

图 3-21　桩身竖向荷载传递

（3）桩土应力比动态变化规律

不同深度上桩土应力比由上覆荷载值、土体自重应力和桩轴力监测结果共同推导得到，见式(3-3)。

$$\begin{cases} R(h_n) = \dfrac{\sigma_p}{\sigma_s} = \dfrac{N_n/A_p}{[(p_m + \gamma h_n) \times s^2 - N_n]/A_s} \\ A_p = \pi D^2/4 \\ A_s = s^2 - A_p \end{cases} \tag{3-3}$$

式中：$R(h_n)$——h_n 深度上桩土应力比；

　　　　p_m——第 m 级荷载；

　　A_p、A_s——桩和桩间土的承载面积（m²）；

　　　D、s——桩径和桩间距（m），此处取 $D = 0.8$m，$s = 4.0$m 计算。

由图 3-27（a）可知，荷载施加初期，桩土应力比沿深度方向减小，当荷载增大到一定值时，桩土应力比沿深度方向基本相等；随着荷载的继续增大，桩土应力比沿深度方向表现为先增大后减小。由图 3-22 可知，随荷载施加，浅层上桩土应力比先增大后保持不变，深层上桩土应力比始终处于不断增加的状态，桩的承载力随着荷载加大不断发挥。

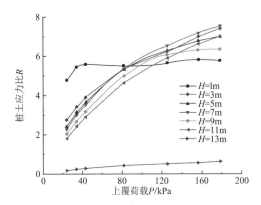

图 3-22　桩土应力比随加载分布规律

（4）复合地基（侧）土压力动态变化规律

图 3-23 是结合第三次开挖后通过挡墙弯矩间接推导得到的挡墙后土压力，再利用试验测试得到的每级荷载土压力差值，得到各加载阶段土（侧）压力增量（注：图 3-23 土压力增量以荷载为 0kPa 阶段值为参考点）。土（侧）压力推导方法见第 3.3.2 节，通过开挖结束推导复合地基上加载到 180kPa 后（图 3-35 对应 Step0 工况）稳定阶段的土压力分布，再根据图 3-23 加载阶段土压力增量得到加载阶段土压力，见图 3-24。

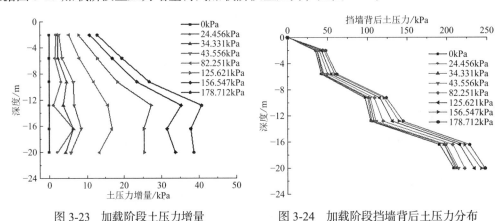

图 3-23　加载阶段土压力增量　　　　　图 3-24　加载阶段挡墙背后土压力分布

（5）复合地基沉降动态变化规律

复合地基各深度下的地基沉降如图 3-28（a）所示，图 3-29（a）为附加荷载与地基沉降关系。分析图 3-28（a）可知，随着荷载增大，各层地基沉降均变大，且增大幅度与荷载的增大幅度基本一致。在同级加载下，沉降沿深度方向变小，并且数值逐渐趋于稳定，图 3-28（a）、图 3-29（a）表现为深度 7~10m 段，沿深度变化曲线比较铅直及随荷载变化曲线比较紧密。这是因为附加荷载引起的附加应力在同一铅直线上不同，深度越大附加应力越小，且深层地基的竖向土应力较大，土体压缩较明显，弹性模量较大，因此其地基沉降较小且趋于稳定。从图 3-29（a）可以看出，在某深度下地表沉降随附加荷载基本上呈线性关系变化，说明未达到地基的比例极限荷载，也可能是因为模型箱壁在四周的约束作用，极大地提高了地基的比例极限荷载和承载力。

2. 复合地基置换率竖向影响规律

为明确复合地基置换率在复合地基形成机制的影响，以表 3-6 中 3 组为试验组 1（置换率 0.313）、2 组为试验组 2（置换率 0.491），同样加载顺序及稳定荷载 180kPa，比较置换率增大复合地基动态力学性状。

1）复合地基桩轴力置换率影响规律

图 3-25 是不同置换率桩轴力随加载变化曲线。桩轴力随着置换率的增大而减小，且变化速率随置换率的增大而减小，说明相同面积内桩的数量增多，相同荷载下每根桩承担的荷载变小。试验组 1 各级荷载下桩轴力最大值均发生在桩深约 10m 处；试验组 2 均发生在桩深约 8m 处，轴力最大值所在位置上移，说明由于置换率的增大，桩密度增加，附加荷载更快地由桩向下传递。

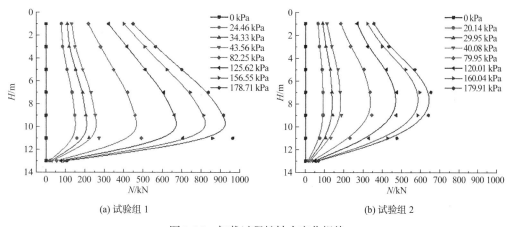

(a) 试验组 1　　　　　　　　(b) 试验组 2

图 3-25　加载过程桩轴力变化规律

2）桩侧摩阻力置换率影响规律

从图 3-26 可知，相同荷载条件下，桩侧摩阻力绝对值沿桩深度方向先增大后减小，减小至 0 后再次反向急剧增大。桩侧摩阻力在桩体上部出现负摩阻力，桩的下部分出现急剧增大的正摩阻力，由此引起桩轴力变化规律是先增大后急剧减小（图 3-25）。

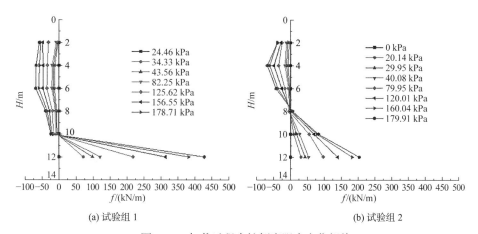

(a) 试验组 1　　　　　　　　(b) 试验组 2

图 3-26　加载过程中桩侧摩阻力变化规律

分析图 3-26 可知，荷载条件不变，增大复合地基置换率，桩侧摩阻力变化的总体趋势不变，在大小和程度体现三个特点：

（1）正负摩阻力变化位置上移，相较于试验组 1 的 10m 处，试验组 2 上移了 2m 至 8m 处。

（2）两组置换率桩上部负摩阻力的最大值基本不变，但其变化速率试验组 2 更快，图示曲线更陡峭，且置换率大者比小者最大值位置上移了约 2m。

（3）桩端最大正摩阻力试验组 2 较试验组 1 有明显的减小。摩阻力方向变化位置的上移表明桩土相对沉降趋缓，在桩轴力减小而附加荷载不变的情况下，土体沉降的减小相对于桩体减小得更多，置换率的增大使得桩土沉降更早达到平衡。摩阻力方向变化的位置即摩阻力零点位置的上移缩短了负摩阻力的桩身长度，因此，试验组 2 负摩阻力变化速率较试验组 1 更大。最大正摩阻力的减小是由于置换率的增大引起深层地基桩土相对沉降变小，故桩端最大正摩阻力值减小。

3）桩土应力比置换率影响规律

按照式(3-3)计算。试验组 1 和试验组 2 分别取 $s = 4.0$m 和 3.2m；N_n 表示深度为 h_n 时的桩轴力；γ 表示土体重度，取 $\gamma = 15.9$kN/m³。

图 3-27 是两种不同置换率下桩土应力比随加载的变化曲线。当置换率增大时，对比分析图 3-27（a）、（b），相同附加荷载和深度下桩土应力比有所减小，且在深层土体中其沿深度方向的减小速率变小。这是因为置换率的增大减小了单根桩所承担的荷载即桩轴力减小，同时减小桩轴力在深层土体中的减小幅度（图 3-25），其深层土体中的减小速率变小，表明置换率的增大对 CFG 复合地基承载力的有效发挥存在不利影响，在满足复合地基目标附加荷载下存在一个与其相应的最佳置换率。

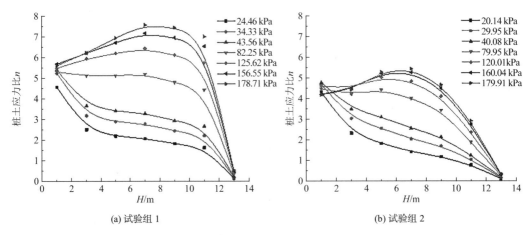

(a) 试验组 1   (b) 试验组 2

图 3-27　加载过程桩土应力比变化规律

4）复合地基沉降置换率影响规律

沉降结果分析如图 3-28～图 3-30 所示。比较图 3-28 和图 3-29，置换率的增大明显减小了相同条件下的地基沉降，地表沉降最大值从 37.88mm 减小到 27.56mm，减小幅度 27.2%，这是因为置换率的增大提高了复合地基的复合模量，说明置换率的提高可以有效减小地基沉降。

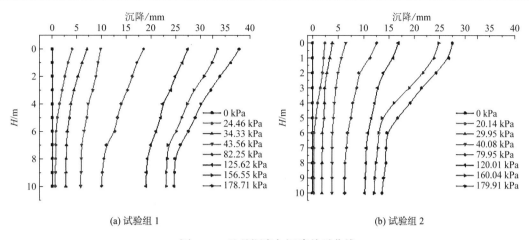

(a) 试验组 1 (b) 试验组 2

图 3-28 地基深度与沉降关系曲线

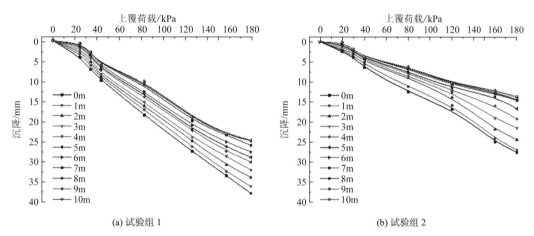

(a) 试验组 1 (b) 试验组 2

图 3-29 附加荷载与地基沉降关系曲线

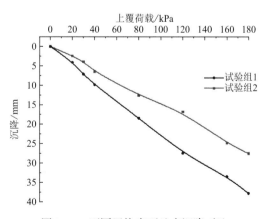

图 3-30 不同置换率下地表沉降对比

在图 3-30 中，两种置换率下的地表沉降均近似地与附加荷载呈线性关系，经线性拟合，如表 3-7 所示。两种置换率下的 R^2 均大于 0.99，说明符合度非常好，其中线性拟合方程中的系数可以近似地看作 CFG 复合地基的复合模量，从上述两个方程的系数可知，置换率的增大确实提高了地基的复合模量，从而降低地基沉降。

地表沉降线性拟合   表 3-7

试验组	置换率	拟合方程	R^2
1	0.0313	$y = 0.2160x$	0.9945
2	0.0491	$y = 0.1518x$	0.9956

3.3.2 支护挡墙动态力学性状

以试验组 1 说明基坑开挖过程支护挡墙动态力学性状。

1. 支护挡墙弯矩开挖动态规律

简化支护挡墙受力模型如图 3-31 所示。板顶无任何约束，为自由端；在开挖面以下附近，支护结构受到未开挖土层的支撑作用，简化其为弹簧支座，刚度k_1；板底嵌入砂土中，端部可自由转动，横向位移受到一定约束，简化为弹簧支座，刚度k_2（$k_2 > k_1$，因为下层土体压缩模量大于表面土层）；支护结构未受竖向荷载，忽略板底竖向位移，简化为固定铰支座。整个支护结构为简支型受力结构。

如图 3-32 是挡墙弯矩随开挖变化规律。由图 3-32 可知，随开挖挡墙弯矩逐渐增大，开挖第一层（2.4m）挡墙弯矩增幅不大，在深度-7m 处挡墙弯矩达到最大值 75kN·m/m；开挖第二层（3.2m），挡墙弯矩明显增大，在深度-10m 处达到最大值 240kN·m/m；开挖第三层（4.4m），挡墙弯矩最大值继续增大至 550kN·m/m，对应深度-12m，最大弯矩位置下移不明显。

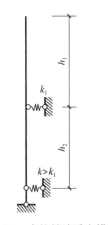
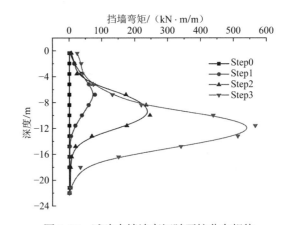

图 3-31 支护挡墙受力模型   图 3-32 试验中挡墙弯矩随开挖分布规律

（注：Step0、Step1、Step2、Step3 分别指开挖前和开挖第一、二、三阶段，下同）

2. 支护挡墙土压力增量开挖动态规律

通过测量每个开挖阶段土压力差值，并结合第三次开挖后通过挡墙弯矩间接推导得到的围护结构土压力，得到开挖阶段围护结构土压力增量分布规律见图 3-41（a）（土压力增量以 Step0 阶段值为参考点）。

3. 支护挡墙变形开挖动态规律

如图 3-33 所示，基坑开挖深度越大，引起的挡墙位移范围越大，在显著变形区域内，如 Step3 阶段 9m 以上范围，挡墙水平位移基本呈直线形式，各阶段最大水平位移均出现在最顶端，值分别为：12mm、50mm、150mm。

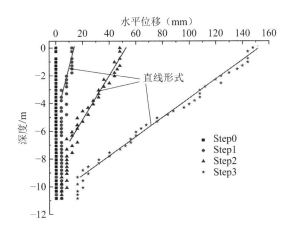

图 3-33　PIV 分析得到开挖引起挡墙水平位移

4. 支护结构侧压力开挖动态规律

（1）由支护挡墙变形推导弯矩

结构弯矩与变形有如下函数关系：

$$EI\frac{\mathrm{d}^2 y}{\mathrm{d}x^2} = -M(x) \tag{3-4}$$

故通过对所得支护结构弯矩求积分，结合边界条件可得支护挡墙变形曲线：

$$y = -\frac{1}{EI}\int[M(x)\,\mathrm{d}x]\,\mathrm{d}x + Ax + B \tag{3-5}$$

边界条件参照 PIV 分析得到的挡墙水平位移结果，如第三开挖阶段有：

$$\begin{cases} y(x=0) = 150\text{mm} \\ y(x=-22) = 0\text{mm} \end{cases} \tag{3-6}$$

假设挡墙弯矩为多项式函数，即：

$$M(x) = C_0 + C_1 x + C_2 x^2 + \cdots + C_i x^i + \cdots + C_j x^j \tag{3-7}$$

由板顶端边界条件：

$$\begin{cases} M(0) = 0 \\ M'(0) = 0 \\ M''(0) = 0 \end{cases} \Rightarrow C_0 = 0,\ C_1 = 0,\ C_2 = 0，用八次多项式拟合效果较好，进而推导挡墙水$$

平变形曲线如图 3-34 所示，与 PIV 分析得到的结果吻合度较好。进一步证明试验方法的科学性与由此推理的合理性。

（2）由支护结构弯矩推导背后侧压力

微型土压力传感器只监测转机稳定后各阶段土压力增量，支护挡墙土压力通过第三次开挖挡墙弯矩推导，间接得到其他阶段土压力分布。

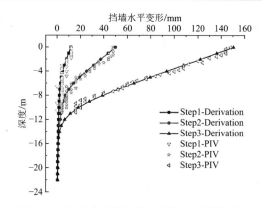

图 3-34 理论分析的挡墙变形与试验结果对比

通过以上式(3-7)得到的第三阶段挡墙弯矩，求两次导数得到挡墙背后土压力：

$$p(x) = \frac{\mathrm{d}^2 M(x)}{\mathrm{d}x^2} \tag{3-8}$$

图 3-35 是推导得到的三阶段土压力分布。首先获得第三阶段的土压力分布，再结合图 3-41（a）土压力增量得到的各开挖阶段土压力分布规律。Step0 阶段土压力分布即为复合地基上加载到 180kPa 后稳定阶段土压力分布。

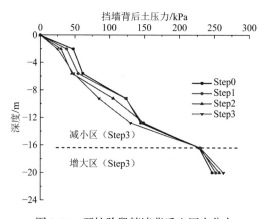

图 3-35 开挖阶段挡墙背后土压力分布

结果表明基坑开挖阶段，土压力分为增长区和减小区两部分：上部土体中，开挖引起土体卸荷，土压力减小，而下部土体受挡墙挤压，墙后土压力有所增大。

3.3.3 复合地基近接开挖动态力学性状

1. 桩轴力开挖变化规律（图 3-36）

桩轴力随开挖递增，第一、二次开挖增幅小，第三次开挖时增大显著。

2. 桩侧摩阻力开挖变化规律

同复合地基加载过程方法，求得桩侧摩阻力随开挖分布及变化，如图 3-37 所示。基坑开挖引起桩侧负摩阻力总体上稍有增大（除 5m 深度上下有反常），上部负摩阻力增量大于下部；基坑开挖引起周边复合地基总体沉降，而桩间土体沉降大于桩的沉降，且开挖引起的桩土差异沉降在上部更大；另一方面，本次试验监测的轴力桩位置在距离基坑边 12m 处，基本处于试验模型地基中心位置，桩轴力增大原因可归纳为地基随开挖产生水平变形导致的桩间土承载力降低。

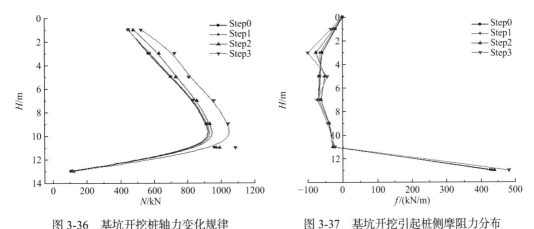

図 3-36　基坑开挖桩轴力变化规律　　　　　图 3-37　基坑开挖引起桩侧摩阻力分布

3. 桩土应力比开挖变化规律

同加载阶段计算桩土应力比方法，用式(3-3)求得桩土应力比随深度和开挖的变化规律，如图 3-38（a）所示。

定义桩土应力比增速参考点为开挖之前的桩土应力比，见式(3-9)。

$$K(h_n, S_m) = \frac{\Delta R}{R} = \frac{R(h_n, p_m) - R(h_n, S_0)}{R(h_n, S_0)} \tag{3-9}$$

式中：$K(h_n, S_m)$——h_n深度上第m次开挖时桩土应力比相对于第 0 次开挖时桩土应力比增速；

　　　　$R(h_n, p_m)$——h_n深度上第m次开挖时桩土应力比。

图 3-38（a）中，第一二步开挖引起的桩土应力比变化不明显，与图 3-36 轴力和图 3-37 侧摩阻力揭示的结果一致；第三次开挖后，桩轴力、侧摩阻力以及桩土应力比都有较大的变化，且浅层上的变化较深层上更显著；图 3-38（b）中显示开挖引起桩土应力比增速在 3m 深度上达到最大。

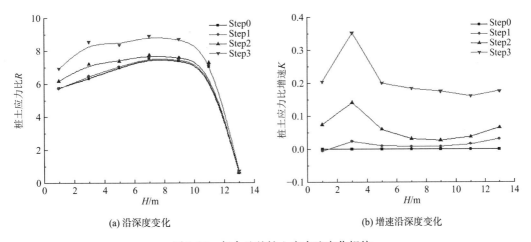

(a) 沿深度变化　　　　　　　　　　　(b) 增速沿深度变化

图 3-38　复合地基桩土应力比变化规律

基坑开挖引起土体应力释放，复合地基侧向变形，进而引起桩轴力和桩土应力比增大；复合地基桩轴力、侧摩阻力以及桩土应力比在基坑前期开挖时变化小，后期开挖时变化大；且在浅层土体中变化较深层土体中更大更快。因此，邻近既有建筑复合地基的基坑开挖应严格控制基坑变形，特别是后期开挖深层土体阶段。

4. CFG 桩弯矩开挖变化规律

图 3-43 左侧是图 3-20（左）试验组 1 弯矩监测的 3 根 CFG 桩在各开挖阶段分布规律。基坑开挖引起邻近复合地基桩基弯矩增大，且基坑开挖深度越大，桩距离基坑越近，其弯矩增幅越明显。

基坑开挖引 1 桩负弯矩原因可能是：开挖直接引起复合地基土体沉降，开挖初期沉降小，而后期沉降大（可从前文明显看出），由于桩土沉降的不同步，导致 CFG 桩上刺入褥垫层，桩顶受到褥垫层的水平约束，故弯矩呈现了反向增长；而远离基坑时，土体沉降小，上刺入现象小于邻近基坑桩，故开挖未引起 CFG 桩负弯矩。

5. 复合地基开挖变形变化规律

（1）复合地基地表沉降

不同开挖工况的地表沉降，如图 3-39 所示。地表沉降呈指数形式，即邻近基坑边界地表沉降最大，远离基坑边界沉降趋于 0，各开挖阶段最大沉降值约为：18mm、50mm、158mm。

（2）复合地基变形

由 CFG 桩弯矩，按照式(3-4)、式(3-5)、式(3-7)，可以推导出 CFG 桩变形。

假设底端位移和转角均为 0，即底端为固定端，则有边界条件：$\begin{cases} y(x=-14)=0 \\ y'(x=-14)=0^\circ \end{cases}$

弯矩拟合时以七次多项式拟合效果较好，图 3-40 是 3 根 CFG 桩在各开挖阶段的变形规律和桩顶水平位移值。从图中可知，CFG 桩水平变形大小和变形范围都随距基坑边距离的增大而减小。

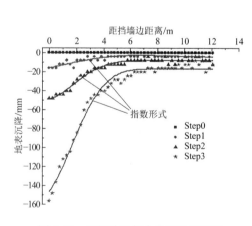

图 3-39　开挖阶段复合地基地表沉降

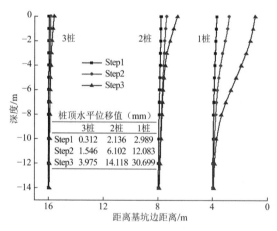

图 3-40　CFG 桩变形和桩顶水平位移

3.3.4　复合地基开挖置换率影响规律

支护结构和开挖工况不变，既有复合地基置换率大（试验组 2）小（试验组 1）对自身及其支护结构内力和变形具有明显影响。

1. 置换率对支护挡墙影响规律

（1）支护挡墙弯矩

2 组试验挡墙弯矩随开挖变化规律相似，如图 3-32 所示。表 3-8 为复合地基不同置换率支护挡墙的各工况最大弯矩。说明相同刚度支护结构既有复合地基侧向开挖，置换率大者支护结构弯矩、侧压力均较小；置换率小者具有更大风险性。

不同置换率开挖工况支护墙最大弯矩比较　　　　　　表 3-8

试验组	置换率	开挖工况	开挖深度/m	最大弯矩/（kN·m/m）
1	0.313	1	2.4	78.4
		2	3.2	246.4
		3	4.4	566.6
2	0.491	1	2.4	33.5
		2	3.2	122.3
		3	4.4	242.2

（2）支护结构变形

两组试验支护结构水平位移曲线相似，参考图 3-47。置换率增大后，表 3-9 数据说明了置换率对支护结构水平位移的影响。

各级开挖下支护结构水平位移平均值　　　　　　表 3-9

试验组	置换率	开挖级数	水平位移/mm
试验组 1	0.0313	一	5.67
		二	21.72
		三	74.65
试验组 2	0.0491	一	5.62
		二	16.29
		三	55.90

综上所述，因置换率增大，支护结构水平位移在各级开挖下会有所减小，且在较浅深度开挖下减小程度小，在较大深度开挖下减小程度大。因为置换率的增大提高了复合地基的复合模量，在相同附加荷载作用下地基压缩沉降引起的横向变形减小，对支护结构的侧向作用力变小。

（3）土压力增量

图 3-41（注：图 3-41 土压力增量以 Step0 阶段值为参考点）为试验组 1、2 开挖结束土压力增量分布，表明复合地基置换率增大土压力增量有减少趋势。由试验组 1（图 3-35）、2（图 3-42）各阶段挡墙土压力分布，土压力分为增长区和减小区两部分，复合地基加固范围土压力减小，复合地基深度以下土压力有所增大。置换率大的复合地基土压力增量小，其土压力变化小于置换率小的复合地基。

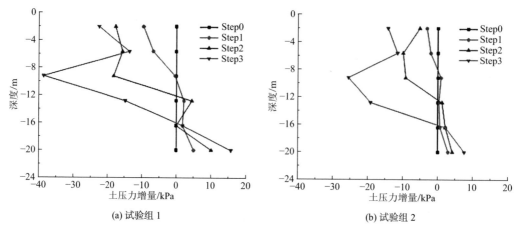

(a) 试验组 1 (b) 试验组 2

图 3-41 开挖阶段土压力增量规律

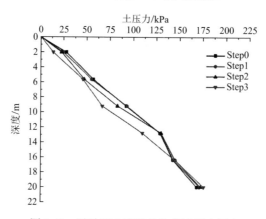

图 3-42 试验组 2 开挖各阶段墙后土压力

2. 对复合地基的影响规律

1）CFG 桩弯矩

图 3-43 为刚性复合地基桩（3 根监测桩位置见图 3-20）弯矩随开挖变化规律。试验组 1 的 1、2、3 号桩距基坑分别为 4m、8m、16m，试验组 2 分别为 3.2m、6.4m、12.8m。第一次开挖引起各桩弯矩均为正值且较小，第二、三次开挖 1 号桩出现负弯矩，2、3 号桩弯矩为正值但因离基坑的距离变远弯矩变小。1 号桩出现负弯矩是因为开挖过程中桩土沉降不均匀，刚性桩向上刺入褥垫层，桩顶受到褥垫层的水平约束作用，故出现负弯矩，当远离基坑时，土体沉降较小，桩顶上刺现象较小，未能引起负弯矩。

若不考虑桩顶上刺现象，复合地基的桩弯矩由桩间土竖向应力对桩的侧向作用，以及复合地基受开挖整体侧移引起土体对桩的挤压作用决定。考虑桩顶上刺现象，侧向开挖时刚性桩受力体系可简化为图 3-44。桩顶和桩底可自由转动无弯矩，桩顶有受到约束的横向和竖向位移，简化为弹簧支座；桩底竖向位移同样受到一定约束，简化为弹簧支座；忽略桩底横向位移，简化为固定铰支座。图 3-44 中，q_1 为复合地基发生侧移时桩间土对桩的挤压作用，沿深度逐渐减小，简化为线性减小；q_2 为桩间土竖向应力对桩的侧向作用，根据图 3-43（c）可简化为线性增大；F 为刚性桩上刺入褥垫层时桩顶受到褥垫层水平约束作用，简化为集中荷载。

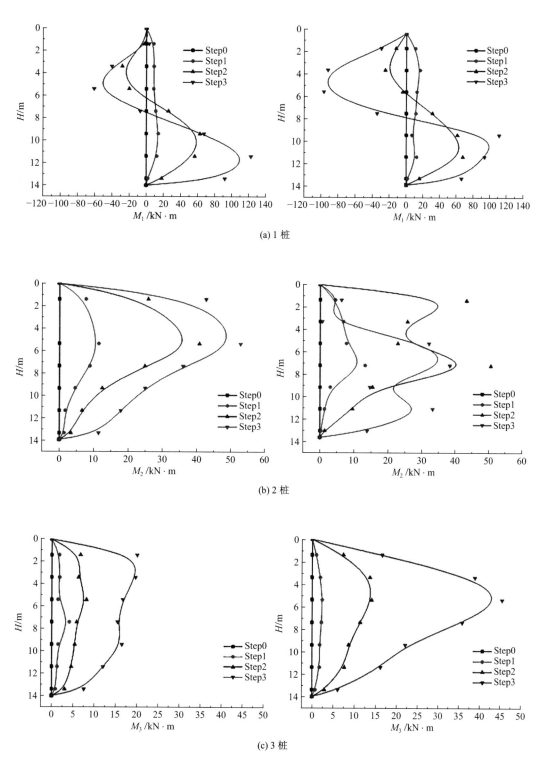

(a) 1 桩

(b) 2 桩

(c) 3 桩

图 3-43　CFG 弯矩随开挖分布规律

（左：试验组 1；右：试验组 2）

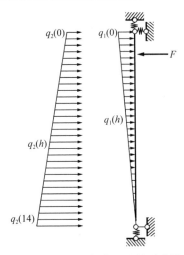

图 3-44 开挖阶段复合地基桩受力模型

2）复合地基地表沉降

比较图 3-39（试验组 1）、图 3-45（试验组 2）地表沉降数值，置换率增大时，基坑开挖引起的地表沉降有明显的减小，邻近基坑边界处各开挖阶段最大沉降值依次从 16mm、48mm、156mm 减小到 8mm、32mm、120mm，减小幅度分别为 50%、33.3%、23.1%，说明置换率的增大，复合地基模量提高，能够有效减小复合地基地表沉降，提高既有建筑物的安全性。另外，在图 3-45 中，第三次开挖时邻近基坑处地表沉降跳跃式增大，犹如土体突然滑动一样，这可能是因为：置换率的增大引起支护结构和离其最近一排桩之间的距离减小，且试验所用土为不含水砂土，土颗粒之间黏聚力小，当侧向开挖达到一定深度时土体形成破坏面而产生突然性破坏，相当于微型的局部坍塌，故引起邻近基坑边界处地表沉降异常显著。

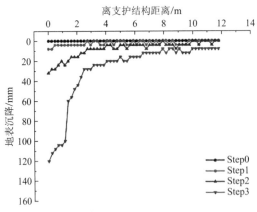

图 3-45 试验组 2 开挖引起的地表沉降

将两组试验第三次开挖的地表沉降数据归一化处理，如图 3-46 所示。图中 d/H_e 表示距支护结构距离与开挖深度之比，δ/δ_{max} 表示该处地表沉降与最大沉降之比。可知，随着置换率的增大，地基的主要影响区域范围减小，分界处地表沉降值也减小，表明 CFG 桩对地基有明显的加固作用，能够改善复合地基受侧向开挖的影响区域和地表沉降值。

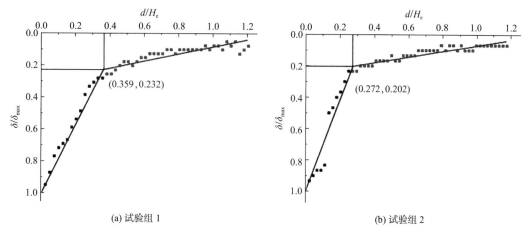

(a) 试验组 1　　　　　　　　　　　　　　　(b) 试验组 2

图 3-46　不同置换率复合地基侧向开挖地表沉降归一化比较

3）复合地基内部位移场

（1）邻近支护挡墙深层土体沉降规律

同级开挖下，地基沉降沿深度逐渐减小，开挖影响深度范围内，沉降与深度近似呈线性关系，在开挖深度以下地基沉降逐渐稳定。以靠近支护结构处第一网格竖向位移差值作为地基沿深度方向的沉降，深度分别取 0m（地表处）、1m、2m、3m、4m、5m、6m、7m、8m、9m、10m（最大深度）。默认未开挖时初始沉降为 0，如图 3-47 所示。

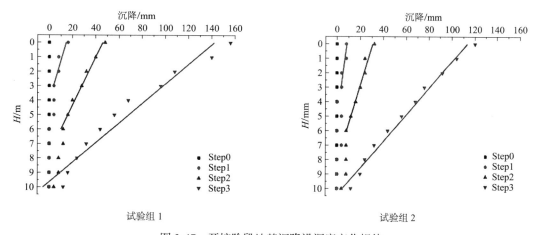

试验组 1　　　　　　　　　　　　　　　　试验组 2

图 3-47　开挖阶段地基沉降沿深度变化规律

在开挖深度影响范围内沉降与深度线性拟合度较好（表 3-10），第二、三次开挖时的 R^2 均在 0.95 以上，第一次开挖由于数据点较少，偶然偏差大，拟合度较差。各深度地基沉降随开挖增大明显，且开挖深度内沉降随开挖的增大程度较开挖深度以下更明显。

竖向地基沉降线性拟合　　　　　　　　　　　　　　表 3-10

试验组	置换率	开挖次数	开挖深度/m	数据点取值范围/m	拟合方程	R^2
试验组 1	0.0313	一	2.4	0～3	$y = -3.6x + 14.4$	0.8526
		二	3.2	0～6	$y = -6x + 46$	0.9844
		三	4.4	0～10	$y = -14.727x + 142$	0.9504

试验组	置换率	开挖次数	开挖深度/m	数据点取值范围/m	拟合方程	R^2
试验组 2	0.0491	一	2.4	0~3	$y = -1.6x + 8.4$	0.8
		二	3.2	0~6	$y = -3.714\,3x + 30.571$	0.9713
		三	4.4	0~10	$y = -10.836x + 113.09$	0.9843

（2）复合地基深层水平位移和沉降

复合地基不同位置的水平变形和沉降，如图 3-48 和图 3-49 所示。两组试验中第一次开挖引起土体位移很小，第二、三次依次明显增加，开挖影响区域也逐级增大。地基水平变形和沉降在挖影响区域变化较明显，即距基坑边越远水平变形和沉降越小，且随深度减小明显。在置换率增大后，同级开挖引起的土体位移和影响区域均减小，相同位置处的地基水平变形和沉降变小。

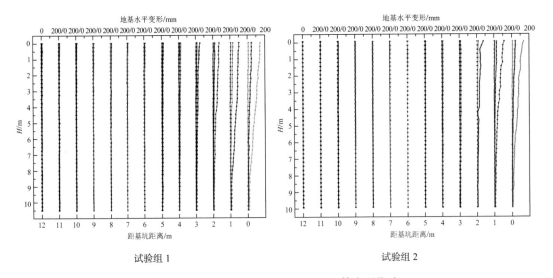

图 3-48　距离开挖面不同位置深层土体水平位移

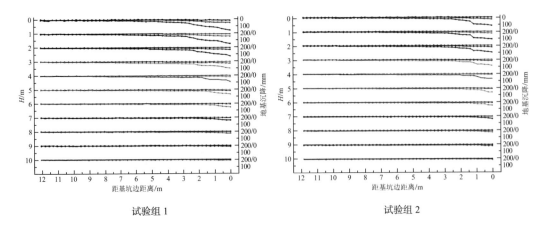

图 3-49　距离开挖面不同位置深层土体竖向位移

CFG 桩横向变形随开挖增大，随距基坑边距离的增大而减小。当置换率增大后，虽然距基坑边的距离减小，同级开挖下 CFG 桩横向变形还是出现明显的减小，表明置换率的增大增强复合地基的整体性，提高了其抗侧向变形的能力。

3.3.5　近接支护开挖复合地基上覆荷载影响规律

以图 3-20（右）复合地基置换率 0.0491 模型，进行表 3-11 不同荷载分组离心试验，获得侧向开挖复合地基相同支护不同上覆荷载对支护结构的内力、变形和土压力；复合地基的桩、土应力和桩土应力比开挖动态规律。

荷载影响规律离心试验分组表　　　　　　　　　　表 3-11

试验分组	Test1	Test2	Test3
上覆荷载	0kPa	180kPa	240kPa

1. 对支护结构的影响规律

（1）支护结构弯矩

由图 3-50 可知，较高的上覆荷载基坑开挖产生的支护结构弯矩值更大。三组试验的支护结构最大弯值矩分别为 198.35kN·m，242.22kN·m 和 324.82kN·m。支护结构弯矩在其顶部和端部均为零，在每个开挖面以下约 3m 处达到峰值。表明支护结构的端部埋在砂土中可以自由地移动、旋转，可以视为固定铰接支座。随着开挖的进行，支护结构的弯矩逐渐增大，最大弯矩的位置随开挖面变动逐渐下移。

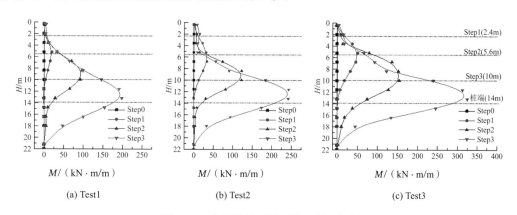

(a) Test1　　　　　　　　(b) Test2　　　　　　　　(c) Test3

图 3-50　支护挡墙不同开挖工况弯矩图

（2）支护结构水平位移

支护结构的水平位移如图 3-51 所示。开挖过程中，无载（Test1）情况下，开挖面以下土体扰动所引起的水平位移很小，可以忽略不计；而由于存在较大的上覆载荷，对于 Test2、Test3 的支护结构在开挖面以下仍然具有相对较大的水平位移，较高的上覆载荷影响深度更大。

（3）支护结构土压力

图 3-52 为开挖前不同上覆荷载下支护结构土压力的分布图。支护结构静止土压力沿深度方向逐渐增大。上覆荷载较小时，土压力沿深度方向基本上呈线性变化；上覆荷载较大

时，其线性变化趋势有所弱化。

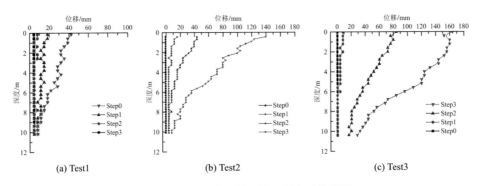

(a) Test1　　　　　　　(b) Test2　　　　　　　(c) Test3

图 3-51　支护挡墙不同开挖工况水平位移图

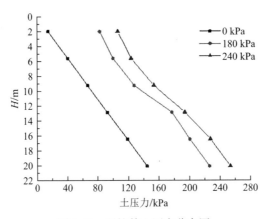

图 3-52　开挖前土压力分布图

在开挖阶段，如图 3-53 所示，墙后土压力值沿深度方向总体上呈先减小后增大趋势；支护结构上部的土压力随着逐级开挖而减小，下部土压力随着逐级开挖而略有增加。上部土体因开挖引起侧移扰动，产生卸荷效应，土压力减小；开挖完成后，开挖面以上的土压力远小于朗肯土压力。说明由于复合地基的存在，上覆荷载被桩体的传递至桩端位置，而非直接扩散到支护结构上，利于保护支护结构以及边坡的稳定性。

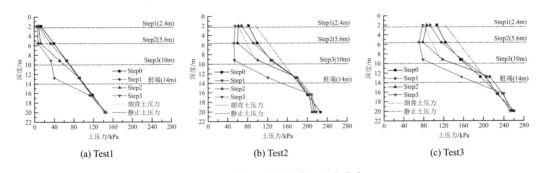

(a) Test1　　　　　　　(b) Test2　　　　　　　(c) Test3

图 3-53　试验组支护挡墙土压力分布

随着上覆荷载的增大，由开挖引起的上部土压力相对于未开挖前的减少量越显著；说明随着荷载的增加，遮拦效应越明显。

2. 荷载对复合地基应力位移影响

（1）CFG 桩轴力（图 3-20（右）轴力监测桩）

图 3-54 可以发现：因基坑开挖而引起的刚性桩的轴力增量大致沿深度先增大后减小，且随开挖递增明显。其次随着开挖的进行，桩轴力的最大值所在的位置在同一荷载下并没有发生较大的改变。现将桩轴力因开挖而引起最大增量列于表 3-12 中，容易发现，在同级开挖工况中，附加荷载越大，复合地基桩轴力的增量也越大；其中对比 Test2 和 Test3 试验，发现荷载增加 60kPa 后，开挖完成后的最大桩轴力增加了约 57%。因此，在承受较高附加荷载的复合地基的邻近处开挖基坑时，应该着重注意因开挖造成的桩轴力增加而对桩产生的压缩破坏。

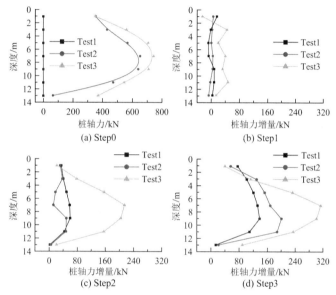

图 3-54　复合地基桩轴力及其增量

轴力最大值的深度及其随开挖产生的增量　　表 3-12

试验组	Test1	Test2	Test3
轴力最大值所在深度	9m	8m	7m
第一次开挖最大增量	3.31kN	7.10kN	39.40kN
第二次开挖最大增量	61.10kN	50.32kN	215.71kN
第三次开挖最大增量	136.78kN	200.61kN	314.10kN

（2）桩侧摩阻力

对比图 3-55 中因开挖引起的摩阻力的增量，发现不管有无附加荷载，开挖基本上都会引起桩体的摩阻力数值的增大。可以解释为基坑开挖，使得上部桩土之间的差异沉降增大，负摩阻增加；同时荷载向桩转移，桩的整体沉降增大，桩下部桩土之间的差异沉降加大；因此，附加荷载为 240kPa 时的桩侧摩阻力因开挖而产生更大的扰动，约占未开挖前的 35.58%，远大于 180kPa 时的 17.91%。摩阻力也随之增大。荷载越大，土体的原有应力水平越高，越容易受到开挖影响。

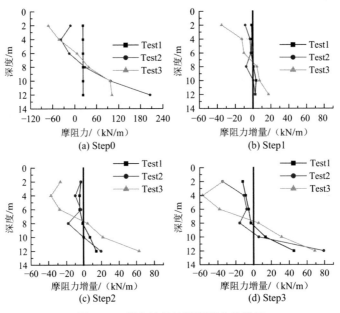

图 3-55 复合地基桩侧摩阻力及增量

（3）桩土应力比

桩土应力比增量的变化趋势与桩间土竖向应力增量曲线相似，如图 3-56 所示；基坑开挖造成地基内土体随支护结构产生侧移，上覆荷载从土体向桩体转移，并随开挖转移比例增大。附加荷载增大后，桩土应力比因开挖引起的增量也随之增大，开挖完成后，最大增幅从 1.9 变成 3.0。这表明，当复合地基上覆附加荷载较大时，桩间土应力值较大，桩间土体更容易受到开挖的影响发生扰动，使得荷载更多的向刚性桩转移，这可能会加速桩的压缩破坏趋势。

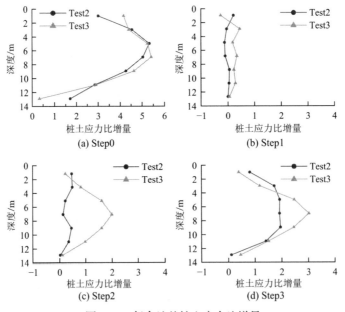

图 3-56 复合地基桩土应力比增量

（4）复合地基桩弯矩

图 3-57 为 1 号桩弯矩随开挖深度的变化规律。发现上覆荷载越大，桩的弯矩值也越大，桩顶的约束作用也越强。

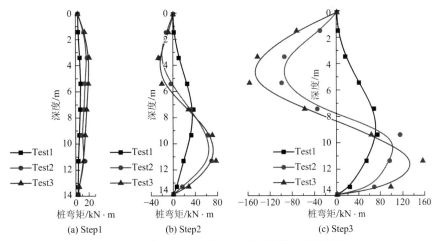

图 3-57　复合地基 1 号桩弯矩随开挖深度变化规律

图 3-58 为 2 号桩弯矩随开挖深度变化规律。有载复合地基在第二、三次开挖中呈马鞍形，究其原因，可能是由于距基坑较远，桩土之间的差异沉降与相对水平位移减少，但桩顶处的约束依然存在；第二、三次开挖进一步促进复合地基桩间土对于桩的作用，而坑底之下土体对桩的位移约束越发明显。此外，由于此时距离基坑较远，基坑开挖引起此处复合地基的侧移量较小，因此，相对 1 号桩来说，2 号桩弯矩的弯矩值大幅度减小。

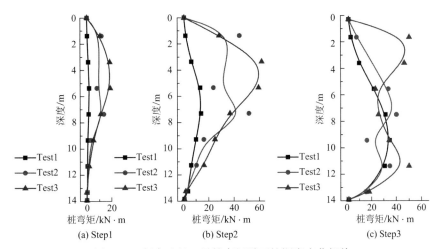

图 3-58　复合地基 2 号桩弯矩随开挖深度变化规律

图 3-59 中为距离基坑更远的 3 号桩弯矩随开挖深度变化规律。因为其受基坑开挖产生的影响较小，弯矩值大幅度减小，三组试验开挖完成后的最大弯矩值约为同等工况下 1 号桩的最大弯矩值的 15.34%、39.82%、28.96%。同时，由于此处的桩土之间的沉降差异较小，桩顶与褥垫层的相对位移也较小，因此桩顶受到的约束几乎为零；而且两组有载试验的弯矩变化曲线几乎重合，结合 1 号、2 号桩的弯矩变化，表明此时荷载的相对大小对桩弯矩

影响程度随距离增加而迅速减小。

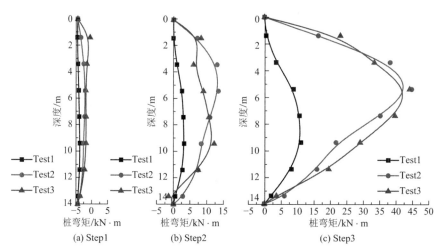

图 3-59　复合地基 3 号桩弯矩随开挖深度变化规律

3.4　复合地基侧压力[16,17,19,22]

地下结构群环境深基坑支护结构设计，归根到底要考虑既有结构群对于支护结构侧压力的影响。既有复合地基近接基坑开挖，关键是保证复合地基安全。支护结构必须限定复合地基位移，采用复合地基安全变形条件下的侧压力。称为侧压力，是因为复合地基并非土体，与经典土压力理论区别。本节基于离心试验成果，依托数值分析，构建科学性数值模型，推导复合地基侧压力计算公式。

3.4.1　砂性土复合地基侧压力

离心试验数量和类型有限，获得的复合地基与支护结构集约化作用局限性鲜明，要明确一般复合地基侧压力理论，还需通过数值模拟充实和修正试验结论，回归工程实际。

1. 数值模型及其科学性

（1）模型建立

图 3-60　数值模型网格划分

采用 ABAQUS 软件，建立与离心试验尺寸一致的数值模型（图 3-60）。

（2）数值模型科学性验证

通过数值模拟回溯离心试验过程，以试验结果校验数值模型，赋予数值模型分析结果的科学性、可信性。

2. 复合地基侧压力影响因素分析

目前，基坑理论土压力计算方法没有考虑支护结构位移，研究复合地基侧压力首先获得侧限条件复合地基侧压力。因此，修改图 3-60 模型，回归实际工程，支护结构高度延伸到地基底部，去掉未加载区，限制支护结构侧移，数值分析复合地基对无侧移支护结构侧压力。复合地基桩材料采用 C20 混凝土，支护结构采用 C30 钢筋混凝土，砂土与混凝土桩的摩擦系数取 0.4。

1）附加荷载影响

研究附加荷载与复合地基侧压力的关系，未超出复合地基承载力特征值前提下，将附加荷载分 18 级加载，前两级分别为 10kPa 和 20kPa，其余各级均为 30kPa，累计 510kPa。

图 3-61 为复合地基侧压力与荷载变化关系。随荷载增大，侧压力增大，且沿深度逐渐增大。当无载或荷载较小时，侧压力沿整个深度的变化接近线性分布，复合地基桩对侧压力的遮拦作用不明显；当荷载逐渐增大后，遮拦效应逐渐增强，上部土层侧压力沿深度由线性分布向非线性分布转变。

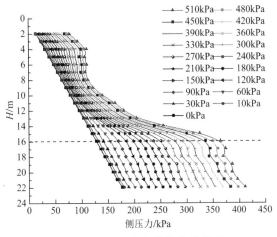

图 3-61　侧压力与荷载变化关系

通过计算砂土地基静止土压力与相应位置复合地基侧压力差值，可得复合地基的遮拦效应，如图 3-62 所示。遮拦效应随荷载增大而增大，且呈线性增大（从图 3-62 中各曲线的间距可知，图 3-63 为深度 8m 处遮拦效应与荷载关系图，证明了其线性增大结论的正确性）。当荷载较小时，遮拦效应随深度逐渐减小，最后减小至 0；当荷载较大时，遮拦效应随深度先减小后增大，最后再减小至 0，在深度 8m 处遮拦效应达到最大值，510kPa 时侧压力最大可减小 63.15%。

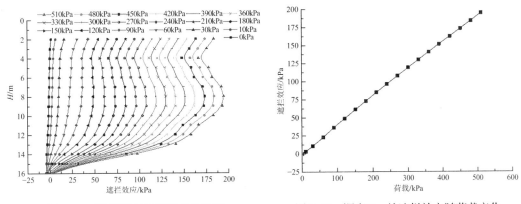

图 3-62　遮拦效应与荷载变化关系　　　图 3-63　深度 8m 处遮拦效应随荷载变化

如图 3-64 所示，分别取荷载为 150kPa 和 510kPa 时侧压力沿深度的变化趋势图（实际工程中支护结构顶部侧压力为 0，图中设 0m 处侧压力为 0）。因复合地基桩的作用，中上部土层（4～8m 深度内）侧压力随荷载增大沿深度增长速度减缓，到 510kPa 时此深度范围内侧压力几乎保持不变。为简化关系，分别以深度 4m 和 16m 处为临界点，将侧压力沿深度变化关系转化为三段不同斜率的直线。当荷载较小时，简化后的侧压力值（虚线所示）与实际侧压力值相当，随荷载增大，二者偏差逐渐增大，且简化侧压力值大于实际侧压力值，应用时可作为安全储备。

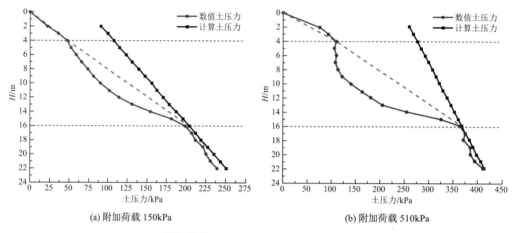

图 3-64 附加荷载 150kPa 和 510kPa 时侧压力分布结果

图 3-65 为深度 4m 和 16m 处侧压力值与荷载的关系。在 4m 深度处，荷载小于 100kPa 的加载过程，侧压力值与荷载呈非线性关系；荷载大于 100kPa 后，侧压力随荷载增加同步线性增加；深度 16m 处，侧压力均与荷载呈良好的线性关系。

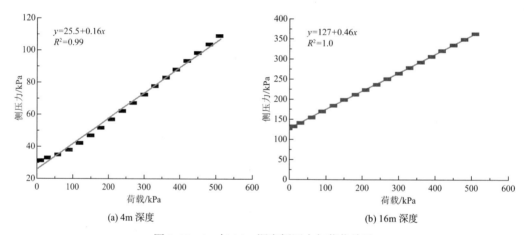

图 3-65 4m 与 16m 深度侧压力与荷载关系

利用式(3-10)可得各级荷载下的侧压力系数，图 3-66 为深度 4m 和 16m 处侧压力系数随荷载变化关系。

$$K_c = \sigma_x/(p + \gamma h) \tag{3-10}$$

式中：σ_x——侧压力，根据图 3-61 可得；

K_c——复合地基侧压力系数；

p——附加荷载（kPa）；

h——复合地基深度（m）。

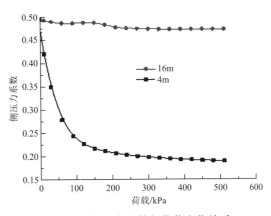

图 3-66　侧压力系数与荷载变化关系

由图 3-66 可知，在复合地基深度 4m 处侧压力系数随荷载增大而快速减小，并最后稳定在 0.19 左右，呈双曲线型变化。未加载时侧压力系数为 0.472，与静止土压力系数相当。

上述变化表明，复合地基的遮拦效应只有当荷载足够大时才能得到充分发挥，且最后不再随荷载而变化。深度 16m 处，侧压力系数基本上与荷载大小无关，稳定在 0.475 左右，同样与静止土压力系数相当。

2）复合地基与支护结构距离影响

基于上述荷载有限元分析模型，改变复合地基桩与支护结构的距离，荷载分级加载方法同前，累计加至 300kPa，其余计算参数不变。复合地基与支护结构距离以桩间距d_0（$d_0 = 1.6$m）为单位，据此建立 9 组数值模型，其距离分别为（1、1.5、2、2.5、3、3.5、4、4.5、5）d_0，荷载加载区域为复合地基范围，1 倍桩间距即满布荷载，图 3-67 为 4 倍桩间距时有限元分析模型荷载分布图。

图 3-67　复合地基与支护结构距离数值分析模型

如图 3-68 所示，当复合地基距支护结构距离为 4 倍桩间距时，上部土层 4.5m 以内，侧压力随荷载增大而减小；在 4.5m 以下，侧压力随荷载增大而增大。4.5m 处为侧压力变化趋势转折点，由支护结构与复合地基的距离决定。距离越远，转折点越深。随荷载增大，荷载作用区产生地基沉降，无载区沉降较小，土颗粒向荷载作用区转移，支护结构附近的表层土逐渐脱离支护结构，导致支护结构顶部所受侧压力减小。荷载越大上述变化趋势越明显，故荷载越大支护结构顶部侧压力越小。

如图 3-69 所示，1 倍桩间距时由于是满布荷载，没有趋势变化转折点。距支护结构距离增大，趋势转折点变化深度逐渐增大并趋于稳定，最后稳定在深度 5m 左右。此转折点深度可理解为荷载扩散角和荷载作用影响范围共同作用的结果。荷载扩散角由土体物理性质决定，为常量，当土体处在荷载作用范围内，距离越远，扩散角边界线与支护结构交界点所在深度越大，故随支护结构与复合地基距离增大而增大；当支护结构与基坑距离超出荷载影响范围，其变化趋势转折点趋于稳定。

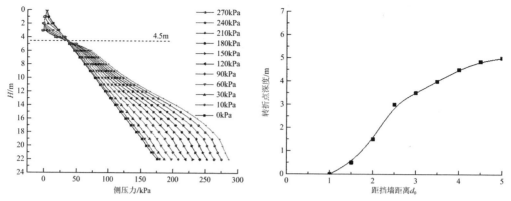

图 3-68 复合地基与支护结构 4 倍桩间距侧压力 变化关系

图 3-69 转折点深度与复合地基支护结构距离 变化关系

图 3-70 为荷载 300kPa 不同复合地基与支护结构距离的侧压力沿深度变化关系。由图可知，沿深度方向侧压力变化趋势线可分为三个阶段：

（1）7m 深度以内为扩散角和荷载作用共同影响深度，此段荷载变化较复杂。在上部土层，因扩散角和荷载作用范围的影响，支护结构所受侧压力随其距离的增大而减小，形成一簇包络线，并汇交于深度 7m 处。

（2）7～14.5m 深度内，支护结构所受侧压力随复合地基与支护结构距离的增大而逐渐增大（图 5-16），侧压力变化曲线也由圆弧形逐渐变为直线型，因复合地基基桩遮拦效应的影响，侧压力值远小于静止土压力值。

（3）14.5m 深度以下，支护结构所受侧压力的变化趋势与上段相反，随复合地基距支护结构距离的增大而逐渐减小（图 3-71），在 16m 处接近于静止土压力值，此时复合地基对侧压力的影响基本上消失，回归到原状土，其数值减小是因为荷载与支护结构距离的增大而对支护结构影响减弱。

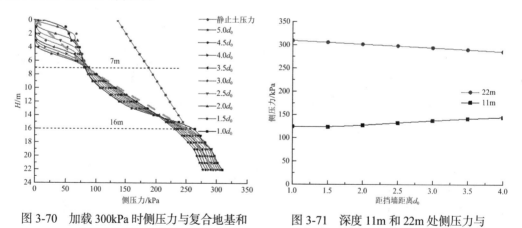

图 3-70 加载 300kPa 时侧压力与复合地基和 支护结构距离变化关系

图 3-71 深度 11m 和 22m 处侧压力与 距离变化关系

通过与静止土压力值比较可知，复合地基距支护结构的距离所引起的侧压力变化相对于同样深度的静止土压力值较小，如 11m 处不同距离时的最大侧压力增量仅相当于静止土压力值的 12.66%。通过上述分析，以深度 7m 和 16m 为临界点，将侧压力沿深度方向分为三段直线（图 3-70）。

综上可知，因复合地基距基坑距离的增大，加固层影响深度内，其侧压力曲线由圆弧向直线转变，复合地基对支护结构的作用减弱。可沿深度将侧压力划分为三个变化阶段，简化为斜率不同的三段直线，随深度的增加逐渐趋于静止土压力值。

3）置换率

同样基于上述数值模型，改变复合地基桩间距，分析置换率影响规律。复合地基桩间距以桩径为单位，根据复合地基常用桩间距为 3～6 倍建立 7 组计算模型，其桩间距分别为 $3d$、$3.5d$、$4d$、$4.5d$、$5d$、$5.5d$、$6d$（$d = 0.4m$），实际距离分别为 1.2m、1.4m、1.6m、1.8m、2.0m、2.2m、2.4m，荷载满布加载。

图 3-72 为荷载 300kPa 时不同置换率下的支护结构侧压力。置换率对支护结构侧压力有较大影响，置换率越大，即桩间距越小，相同深度处侧压力越小。在上部土层（0～4m），侧压力沿深度近似呈线性变化，随置换率减小而增大；在 4～16m 处侧压力沿深度呈圆弧形分布，侧压力先减小后增大，并且圆弧随置换率的减小向线性分布趋近，复合地基基桩的遮拦效应减弱；16m 以下深度侧压力与砂土地基的静止土压力接近，基本不受置换率的大小影响。

将侧压力沿深度分为三段不同斜率的直线段。桩长 14m 时，第一个转折点深度为 4m，第二个转折点深度为 16m，以 6 倍桩间距为例，如图 3-72 直线所示。当 $h = 4m$，且 $p = 300kPa$ 时，侧压力与桩间距的变化关系如图 3-73 所示，除桩间距为 $5d$ 外，大体符合直线关系，为简化计算将二者简化为线性关系，不同荷载情况下拟合参数如表 3-13 所示。

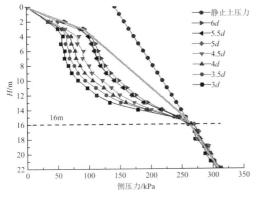

图 3-72　荷载 300kPa 时侧压力与置换率变化关系

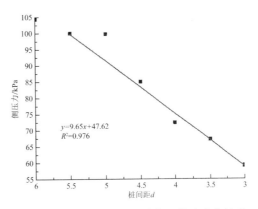

图 3-73　深度 4m 处侧压力与置换率变化关系

不同荷载侧压力与桩间距的线性拟合关系（$6d$）　　　　　　　表 3-13

荷载/kPa	a	b	R^2
0	0.283 6	29.111	0.966 2
10	0.770 9	28.253	0.946 7
30	1.697 8	26.456	0.941 9
60	3.209 7	22.773	0.929 3
90	5.005 9	19.233	0.921 2
120	6.818	16.573	0.924 1
150	8.463 6	15.085	0.924 7
180	10.04	14.075	0.926 3

续表

荷载/kPa	a	b	R^2
210	11.601	13.225	0.927 0
240	13.134	12.548	0.928 0
270	14.672	11.859	0.928 4
300	16.22	11.126	0.928 7

当 $h = 4$m 时，

$$\sigma_{x.4} = a\lambda + b = K_1(\gamma h + p) \tag{3-11}$$

$$a = 0.05384p + 0.212 \tag{3-12}$$

$$b = \begin{cases} -0.108p + 29.304, & p \leqslant 120\text{kPa} \\ -0.029p + 19.579, & p > 120\text{kPa} \end{cases} \tag{3-13}$$

当 $h = 16$m 时，

$$\sigma_{x.16} = K_0(16\gamma + p) = K_3(16\gamma + p) \tag{3-14}$$

当 $4\text{m} < h < 16\text{m}$ 时，

$$\sigma_x = \frac{\sigma_{x.16} - \sigma_{x.4}}{16 - 4} \cdot (h - 4) + \sigma_{x.4} = K_2(\gamma h + p) \tag{3-15}$$

式中：$\sigma_{x.4}$、$\sigma_{x.16}$——深度 4m、16m 处的侧压力；

a、b——线性关系系数，见图 3-74；

K_0、K_1、K_2、K_3——静止土压力、深度 4m 以内、4～16m、大于 16m 的侧压力系数，$K_0 = K_3$；

λ——桩间距与桩径之比。

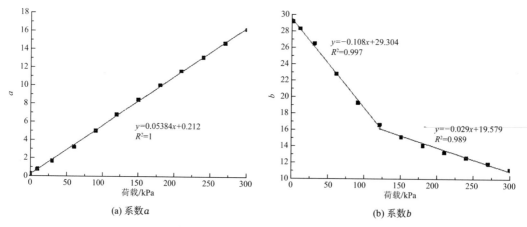

(a) 系数 a (b) 系数 b

图 3-74 深度 4m 处 a、b 与荷载关系

根据式(3-13)～式(3-15)可得，

$$K_1 = \frac{\sigma_{x.4}}{p + 4\gamma}$$

$$K_2 = \left[\frac{\sigma_{x.16} - \sigma_{x.4}}{16 - 4} \cdot (h - 4) + \sigma_{x.4}\right]/(\gamma h + p) \tag{3-16}$$

$$K_3 = K_0$$

若令 $h_1 = 4\text{m}$，$h_2 = 16\text{m}$，从而，

$$\sigma_x = \begin{cases} K_1(\gamma h + p), & h \leqslant h_1 \\ \dfrac{\sigma_{x.h_2} - \sigma_{x.h_1}}{h_2 - h_1} \cdot (h - h_1) + \sigma_{x.h_1}, & h_2 \leqslant h \leqslant h_1 \\ K_3(\gamma h + p), & h \geqslant h_2 \end{cases} \tag{3-17}$$

h_1、h_2 为复合地基桩的上下土层影响深度，与复合地基的加固深度，即桩长有关。

4）复合地基加固深度

为确定 h_1、h_2，同样基于上述荷载数值分析模型，改变复合地基桩的长度，即加固层厚度。以桩长 10m、12m、14m、16m 建立 4 组计算模型，满布加载，计算结果如图 3-75 所示。复合地基上部侧压力几乎不受桩长变化影响；不同的加固层厚度即桩长对中部土层侧压力影响较大，桩越长，桩长范围侧压力越小；加固深度即桩端以下，侧压力接近静止土压力。同时，当桩长分别为 10m、12m、14m、16m 时，其下端影响深度分别为 12m、14m、16m、18m，即不同桩长复合地基侧压力的影响深度最大为桩端以下 2m。

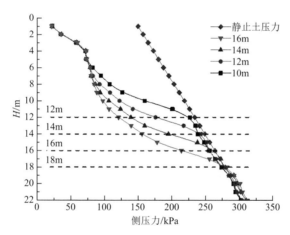

图 3-75 300kPa 时不同桩长侧压力变化规律

根据上述分析可知，h_1 不随桩长变化且大约为 4m，h_2 随桩长变化，且比桩长大 2m，即 $h_2 = h_l + 2$（m）。h_l 为桩长。

3. 砂土复合地基侧压力

综合复合地基荷载、与复合地基距离、置换率以及桩长对支护结构侧压力影响的分析，当支护结构与复合地基距离小于 $5d_0$（8m）时，不计复合地基对支护结构侧压力减小的影响对工程有利，此时式(3-17)可变为：

$$\begin{aligned} K_1 &= \frac{\sigma_{x.4}}{p + 4\gamma} \\ K_2 &= \left[\frac{\sigma_{x.(h_l+2)} - \sigma_{x.4}}{h_l - 2} \cdot (h - 4) + \sigma_{x.4} \right] / (\gamma h + p) \\ K_3 &= K_0 \end{aligned} \tag{3-18}$$

故复合地基对支护结构侧压力可由桩间距与桩径比 λ、土体重度、桩长、附加荷载及其静止土压力系数求得，如图 3-76 所示。

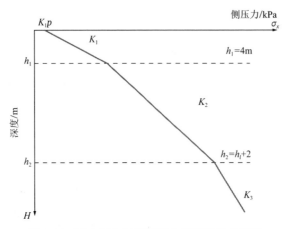

图 3-76　砂土复合地基侧压力沿深度分布规律

3.4.2　砂土和黏性土复合地基侧压力比较分析

基于上述 ABAQUS 数值模型和分析工况，将黏性土代替砂土，并改变附加荷载、摩擦角、黏聚力取值，可得黏性土复合地基侧压力规律。

与砂土复合地基相比，黏性土复合地基侧压力沿深度变化趋势大致相当，如荷载大小均能对复合地基遮拦效应发挥程度产生较大影响。同时，黏性土复合地基因黏聚力的存在而呈现一些不同的变化趋势，加固层中上部的遮拦效应相较于砂土更大更明显，表明黏性土更有利于复合地基遮拦效应的发挥，同等条件其侧压力也比砂土复核地基略小。实际工程中黏性土地基更常见，当开挖深度较浅且在加固层内时，黏性土复合地基的支护结构设计相对于砂土处于更有利的状态，可更进一步减小其经济造价；但开挖深度大于加固层深度时，支护底端黏性土和砂土的复合地基侧压力相差甚小，可忽略二者之间的差异。

根据上述所得规律，砂土、黏性土与一般土的土压力曲线如图 3-77 所示，黏性土土压力曲线沿深度分为四段线：在加固层中点处，土压力因遮拦效应减小至静止土压力水平处，各阶段土压力系数如图 3-77 所示，并可由下述公式得出。一般土根据砂土和黏性土概化得出，概化依据为黏聚力，一般土的平均黏聚力可由式(3-21)得出。

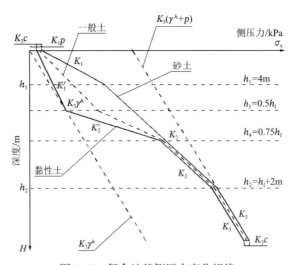

图 3-77　复合地基侧压力变化规律

$$K_1' = \frac{K_3(0.5\gamma h_l - p + c)}{0.5h_l}$$

$$K_2' = \frac{K_2(0.75\gamma h_l + p) - K_3 c - K_3\gamma h_l}{0.25h_l} \tag{3-19}$$

$$\sigma_{一般土} = \sigma_{砂土}(h) \cdot \frac{50 - \overline{c}}{50} + \sigma_{黏性土}(h) \cdot \frac{\overline{c}}{50} \tag{3-20}$$

$$\overline{c} = \sum_{i=1}^{n} \alpha_i c_i \tag{3-21}$$

式中：α_i——土层厚度权重。

3.5　本章小结

以复合地基近接基坑支护开挖工程案例，开展了旨在掌握既有结构与基坑支护相互作用规律的研究，从而建立既有结构参与下支护结构侧压力的计算方法。从选择离心试验，到完成 7 组任务，历时 10 年，先后 5 届、7 名研究生从事相关工作，只是在支护结构刚性无位移条件下，基于离心试验建立的数值平台，获得了复合地基竖向侧压力计算方法。研究过程与上述结论虽然展现了复合地基的遮拦与支护结构的集约化作用，但真正应用于类似工程尚有明显差距。

随城市综合体不断建设，地下空间多样化拓建[23,24]，深基坑将遭遇周边各种既有地下结构和设施，系统化、集约化、精细化、科学化设计将是中心城市建设风险安全控制的根本途径，建立理想解析理论计算地下结构群互相影响的希望必将在复杂多样结构形式、环境与地质条件面前变成失望，因此，寄托精细化数值分析将是集约化结构分析的根本方向。

参 考 文 献

[1]　李连祥, 张海平, 徐帮树, 等. 考虑 CFG 复合地基对土体侧向加固作用的基坑支护结构优化[J]. 岩土工程学报, 2012, 34(S1): 500-506.

[2]　郑怀德. 基于城市视角的地下城市综合体研究[D]. 广州: 华南理工大学 2012.

[3]　住房和城乡建设部. 建筑基坑支护技术规程: JGJ 120—2012[S]. 北京: 中国建筑工业出版社, 2012.

[4]　李连祥, 符庆宏, 张海平. 基坑工程离心模型试验进展与关键技术[J]. 工业建筑, 2015, 45(10): 142-150.

[5]　李连祥, 符庆宏, 张海平, 等. 复合地基侧向力学性状离心试验方案研究与设计[J]. 重庆交通大学学报（自然科学版）, 2016, 35(2): 80-88.

[6]　符庆宏. 基坑开挖引起临近复合地基力学性状离心试验研究[D]. 济南: 山东大学, 2016.

[7]　李连祥, 符庆宏, 张海平. 微型土压力传感器标定方法研究[J]. 地震工程学报, 2017, 39(4): 731-738.

[8]　李连祥, 符庆宏. 临近基坑开挖复合地基侧向力学性状离心试验研究[J]. 土木工程学报, 2017, 50(6): 1-10.

[9]　李连祥, 符庆宏, 张永磊, 等. 基坑离心模型试验开挖方法研究及应用[J]. 岩石力学与工程学报, 2016, 35(4): 856-864.

[10]　李连祥, 符庆宏, 黄佳佳. 砂土地基和粉质黏土地基基坑悬臂开挖离心模型试验[J]. 岩土力学, 2018, 39(2): 1-8.

[11] LIANXIANG LI, JIAJIA HUANG, BO HAN. Centrifugal Investigation of Excavation Adjacentto Existing Composite Foundation [J]. J. Perform. Constr. Facil., 2018, 32(4): 04018044.

[12] PECK R B. Deep excavation and tunneling in soft ground[C]//Proceedings of the 7th International Conference on Soil Mechanics and Foundation Engineering. Mexico City: State of the Art Volume, 1969: 225-290.

[13] OU C Y, HSIEH P G, CHIOU D C. Characteristics of ground surface settlement during excavation[J]. Canadian Geotechnical Journal, 1993, 30(5): 758-767.

[14] 李连祥, 黄佳佳, 符庆宏, 等. 不同置换率复合地基力学性状附加荷载影响规律离心试验研究[J]. 岩土力学, 2017, 38(S1): 131-140.

[15] 李连祥, 黄佳佳, 成晓阳, 等. 刚性桩复合地基与临近基坑支护结构相互影响的离心模型试验[J]. 岩石力学与工程学报, 2017, 36(S2): 4142-4150.

[16] 黄佳佳. 既有复合地基形成机制与支护开挖力学性状研究[D]. 济南: 山东大学, 2018.

[17] 李连祥, 黄佳佳, 季相凯. 黏性土复合地基挡墙侧压力研究[J]. 岩土工程学报, 2019, 41(S1): 89-92.

[18] 李连祥, 季相凯, 刘嘉典, 等. 复合地基侧向开挖上覆荷载影响规律离心机试验研究[J]. 岩土工程学报, 2019, 41(S1): 153-156.

[19] 李连祥, 白璐, 陈天宇, 等. 复合地基与临近基坑支护结构之间距离影响规律[J]. 山东大学学报（工学版）, 2019, 49(3): 63-72.

[20] 白璐. 复合地基邻近开挖基坑支护结构侧压力计算方法研究[D]. 济南: 山东大学, 2019.

[21] 季相凯. 临近基坑支护开挖复合地基上覆荷载影响规律研究[D]. 济南: 山东大学, 2019.

[22] QINGHONG FU, LIANXIANG LI. Vertical Load Transfer Behavior of Composite Foundation and Its Responses to Adjacent Excavation: Centrifuge Model Test[J]. Geotechnical Testing Journal, published online January 21, 2020. https://doi.org/10.1520/GTJ20180237.

[23] 雷升祥. 城市地下空间更新改造网络化拓建关键技术[M]. 北京: 人民交通出版社, 2021.

[24] 雷升祥, 杜孔泽, 丁正全, 等. 城市地下空间网络化拓建工程案例解析[M]. 北京: 人民交通出版社, 2021.

第 4 章　支护与主体结构集约化设计

复合地基与支护结构相邻存在的共同作用，证明支护结构将为地下室外墙遮挡坑外水平荷载。支护与主体结构集约化设计主要从地下结构系统出发，针对基坑工程桩锚支护结构，阐述支护桩是主体结构的既有环境，主体结构地下室外墙设计应考虑支护桩的永久作用。地下结构设计时，结构工程专业应重视外部基坑支护结构的存在，与岩土工程专业紧密协同，依据具体环境，构造和发展基坑支护与地下室外墙合一的永久支护结构体系，促进深基坑支护从"临时性"到"永久化"变革。

4.1　深基坑临时支护的永久作用

按国内技术标准要求，目前基坑支护仅开挖和地下主体结构施工时发挥支挡作用，保证基坑与周边环境安全，因此属"临时性"措施。但深基坑的支护桩、墙等并没有在主体结构施工完毕而拔出，实际一直存在并持续发挥作用。

4.1.1　地下结构系统

1. 地下结构系统

建设项目的地下工程一般包含基坑工程与主体结构两部分。基坑支护是地下空间建设的前提，主体地下结构施工必须由支护结构保护。主体是目的，支护是手段。支护与主体结构互相依存，在同一项目具有不同功能。

因此，地下结构系统包含基坑支护结构和主体地下结构两部分。基坑支护包含围护结构、地下水控制等内容；基础、地下室结构等属于地下主体结构。图 4-1 为基坑支护与主体地下结构示意图。

图 4-1　基坑支护与主体地下结构示意图

2. 基坑工程临时性理念

"基坑支护是为保护地下主体结构施工和基坑周边环境的安全，对基坑采用的临时性支挡、加固、保护与地下水控制的措施"[1]。这些措施，只是在基坑开挖和地下结构施工阶段承担坑外水平荷载即土压力，发挥支挡作用，当地下结构施工完毕肥槽回填，此时坑外土压力由地下室外墙承担。

基坑工程临时性设计理念，即基坑支护仅在基坑开挖与地下主体结构施工阶段承担肥槽外部水平荷载的设计方法。在此理念指导下，临时性强调的仅是地下结构施工的阶段性，没有考虑该阶段结束后，基坑支护结构是否还有作用以及如何处置。

3. 地下结构系统的设计分工

基坑工程是地基基础的组成部分[2]，基坑支护一般由工程勘察单位岩土工程专业承担；主体地下结构则属建筑设计单位结构工程专业完成。结构工程专业依照项目建筑要求构造地下空间，基坑支护则根据主体地下结构功能确定深度和范围。结构工程专业设计地下结构时没有基坑及其支护，因而忽略地下工程建设过程必需的基坑支护，顺理成章地把地下室外墙做成了挡土墙。地下结构系统清晰的专业分工推动基坑工程的"临时性"延续的惯性。

临时性理念下，地下结构系统建设完毕，基坑支护结构如桩、墙等，便"被"失去作用，但依然存在于地下，依然在地下室外墙之外；此时已"令"主体结构地下室外墙承担坑外土压力。地下结构系统是否真的如我们所愿，值得研究和分析。

4.1.2　临时支护桩的永久作用[3]

现有基坑工程理论和标准体系指导下，环境复杂、深度超过 10m 基坑一般采用支挡式支护结构，软土地区一般采用内撑式；北方非软土地区一般采用锚拉式。现以济南常用桩锚支护结构分析临时支护桩对地下室外墙的永久保护作用。

1. 地下结构简介

（1）案例概况

济南市某超高层项目位于济南市西部新城核心区，设有四层地下室，基坑挖深−17.1m。该基坑工程涉及土层主要为第四系，其上部以黄河、小清河冲积成因的黏性土、粉土为主，下部为山前洪积成因的黏性土夹砂土，底部为残坡积的粉质黏土及风化岩层，水位埋深约−4.0m，具体土层参数如表 4-1 所示。

土层参数　　　　　　　　　　　　　　　　表 4-1

土层序号	土类名称	厚度/m	埋置深度范围/m	密度/(t/m³)	有效黏聚力/kPa	有效内摩擦角/°	割线模量 E_{50}^{ref}/MPa	切线模量 E_{oed}^{ref}/MPa	卸载再加载模量 E_{er}^{ref}/MPa
①	填土	3.40	−3.4～0	1.84	10	10	1.20	1.20	3.60
②	粉质黏土	6.20	−9.6～−3.4	1.94	12	33	5.52	5.52	16.56
③	粉质黏土	2.70	−12.3～−9.6	1.95	13	32.5	5.75	5.75	17.25
④	粉砂	9.40	−21.7～−12.3	2.03	6	31.5	10.46	10.46	31.38
⑤	粉质黏土	9.00	−30.7～−21.7	1.90	10	31.5	6.56	6.56	19.68
⑥	粉质黏土	12.80	−43.5～−30.7	1.92	8	31.5	6.92	6.92	20.76
⑦	全风化闪长岩	2.00	−45.5～−43.5	1.84	15	45	2.00×10^3	2.00×10^3	6.00×10^3
⑧	强风化闪长岩	13.50	−59.0～−45.5	1.92	25	50	7.00×10^3	7.00×10^3	2.10×10^4

（2）基坑支护结构

基坑支护平面布置如图 4-2 所示，剖面如图 4-3 所示，锚索相关参数如表 4-2 所示。根据拟建工程场地内岩土工程条件和实际工程经验，经综合比较和计算分析，基坑支护主要采用桩锚支护结构。支护桩采用 $\phi900@1600$ 的混凝土灌注排桩，桩长 23.10m，桩顶标高−2.00m，嵌固埋深 8.00m，采用 C30 混凝土，桩内纵向布置 16⊈25 的 HRB400 型钢筋，保护层厚度取 50mm，横向布置⊈12@150 的 HRB400 型螺旋箍筋，排桩顶部采用宽 900mm、高 800mm 的混凝土冠梁连接，顶部土体砌体防护。桩间设置 $\phi1100mm$ 的高压旋喷截水帷幕，锚索采用旋喷扩大头锚索，锚固段直径 500mm。

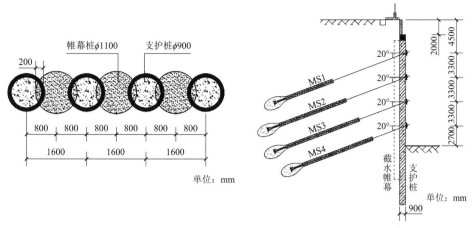

图 4-2　支护做法平面图　　　　　　图 4-3　典型支护剖面图

锚索参数表　　　　　　　　　　　　　　　表 4-2

编号	锚固位置/m	入射角/°	总长/m	锚固段长/m	预应力锁定值/kN	锚固体直径/mm	配筋（钢绞线）
MS1	−4.50	20.00	18.00	7.00	350.00	500	3s15.2
MS2	−7.80	20.00	19.00	10.00	400.00	500	4s15.2
MS3	−11.10	20.00	18.00	11.00	400.00	500	4s15.2
MS4	−14.40	20.00	15.50	10.50	400.00	500	4s15.2

（3）地下室外墙设计

结构工程设计地下室外墙荷载按作用方向可以分为水平荷载和竖向荷载。其中，水平荷载包括侧向土压力、地下水压力以及由于地面活荷载引起的超载，对于人防地下室，还需要考虑水平人防等效荷载[4,5]。在此只对支护桩存在条件下地下室外墙土压力进行研究。

工程基底标高−17.100m，顶板标高±0m，各层楼板标高分别为−3.200m、−8.100m、−12.900m，地下室外墙厚度为600mm，施工肥槽宽1500mm，地下主体结构施工结束后肥槽采用 2∶8 灰土回填至地下结构顶部标高位置，并分层夯实，压实系数不得小于0.94。

2. 地下结构系统分析

1）数值模型

对基坑工程典型支护单元建模：取宽 8m、长 150m、厚度 60m，基坑内外各 75m，整体网格划分如图 4-4 所示，支护结构数值模型如图 4-5 所示。

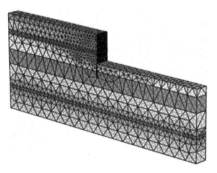

图 4-4　地下结构系统网格图　　　　图 4-5　地下结构系统模型图

地下工程系统工作模拟在无水条件下进行，暂不考虑地表荷载影响，具体工况如表 4-3 所示。

地下结构系统工况表　　　　　　　　　　　　表 4-3

步骤	施工项目	步骤	施工项目
1	激活基坑支护桩，第一次土体开挖，挖深−5.000m	7	第四次土体开挖，挖深−14.900m
2	激活第一道预应力锚索（MS1，−4.500m）	8	激活第四道预应力锚索（MS4，−14.400m）
3	第二次土体开挖，挖深−8.300m	9	第五次土体开挖，挖深−17.100m
4	激活第二道预应力锚索（MS2，−7.800m）	10	激活地下室外墙和各层位移约束
5	第三次土体开挖，挖深−11.600m	11	激活回填土体
6	激活第三道预应力锚索（MS3，−11.100m）	12	预应力锚索失效

2）地下结构系统工作性状

对基坑临时支护工况和基坑回填后工况进行研究，分别提取地下室外墙和支护桩的受力与位移，进行对比分析。

（1）地下室外墙受力分析

地下室外墙受力状态与基坑支护结构工作状态紧密相关，对于深基坑桩锚支护结构，锚索失效前后，支护桩和坑外土体受力状况发生改变，地下室外墙上的土压力随之变化，如图 4-6 所示。

基坑回填后，锚索失效前（步骤 11），桩锚支护结构仍处于工作状态，支护桩外侧土压力由桩锚支护结构承担，地下室外墙所受土压力仅由少量回填土体产生，其分布与埋置深度关系不大[6]。

对比锚索失效前后支护桩水平位移（图 4-7）可以发现，锚索失效前，支护桩变形模式近似为复合型[7]，最大水平位移发生在开挖面附近；锚索失效后，桩身产生较大位移增量，最大位移点明显上移，大约位于 2/3 开挖深度位置处。对比锚索失效前后支护桩位移增量（图 4-7）与地下室外墙土压力增量（图 4-6），可以发现两者形态变化较为一致，由此推断两增量之间存在相关关系。

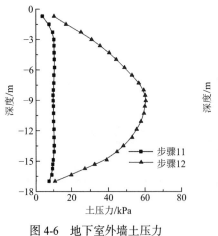

图 4-6　地下室外墙土压力

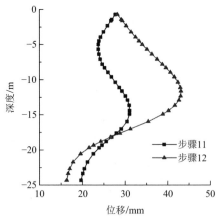

图 4-7　支护桩变形

为便于分析，将地下结构水平楼板视为地下室外墙支点（图 4-8），借助回填土体，地下室外墙与基坑支护桩形成共同抵抗坑外土压力的抗侧力体系。提取数值模型计算结果，可通过应力-应变公式确定地下室外墙、支护桩和回填土体之间的应变、应力的相互影响：

$$\Delta\sigma = \Delta\varepsilon \cdot E_s \tag{4-1}$$

式中：$\Delta\sigma$、$\Delta\varepsilon$——分别为应力、应变增量；

E_s——回填土压缩模量。

反向计算地下室外墙土压力增量如图 4-9 所示，由于地下室外墙位移变化极小，最大位移增量约为 0.2mm，相对支护桩的变形可以忽略不计，则锚索失效前后桩身水平位移增量可近似视为回填土体 y 方向的压缩量，土压力增量的反演值和模拟值基本一致，锚索失效后，地下室外墙土压力增量主要由桩身变形导致的回填土体挤压引起。

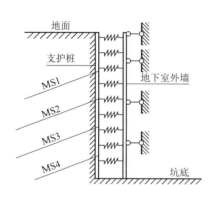

图 4-8　考虑水平楼板作用的计算模型

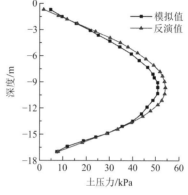

图 4-9　地下室外墙土压力增量

（2）支护桩受力分析

支护桩受力状态随锚索失效而发生改变，桩身位移的增加引起桩外土体状态的改变，锚索失效前后支护桩外侧土压力与静止土压力、主动土压力的关系如图 4-10 所示。

从基坑开挖到锚索失效，支护桩桩身位移及桩外侧土压力随支护状态的变化而变化。基坑开挖前，支护桩外侧土压力为静止土压力；基坑开挖过程，随着支护结构位移的增加，支护结构外侧土压力逐渐减小，趋于主动土压力，且锚索本身施加较大预应力，桩外侧土体受桩身变形和锚索预应力挤压的共同作用，综合表现为桩外侧土压力相对较大，压力值与静止土压力较接近；基

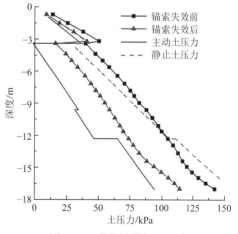

图 4-10　支护桩外侧土压力

坑回填且锚索失效后，外侧土体原有挤压作用消失，随着支护桩水平位移的增加，桩外侧土体土压力得到进一步释放，主动区土压力发挥更加充分。锚索失效后，支护桩外侧土压力处于主动土压力和静止土压力之间，即桩外侧土体处于主动极限状态和静止状态之间的某一状态，与文献[8]结论一致。

对基坑回填后支护桩的受力状态进行分析，提取该工况下支护桩两侧土压力，简化后

土压力分布如图 4-11 所示。锚索失效后，支护桩两侧土体土压力仍分别表现为主、被动状态，与开挖阶段支护桩两侧土压力表现较为相似，区别在于开挖阶段支护桩内侧约束力由预应力锚索（或支撑）提供，而基坑回填后，支护桩内侧约束力由地下主体结构和回填土共同提供。

分别提取基坑临时支护工况（步骤 9）和基坑回填且锚索失效后工况（步骤 12）的支护桩弯矩，如图 4-12 所示。临时支护工况下，受锚索锚固力作用，支护桩桩身弯矩沿深度成波浪形分布，最大弯矩发生在−15.95m 位置，为 441kN·m；基坑回填后，支护桩依旧处于受弯状态，埋深−8m 范围内的弯矩基本可以忽略，埋深−8m 以下，支护桩弯矩迅速增大，桩身最大弯矩发生在−14.40m 位置，为 608kN·m，较临时支护状态弯矩增大 167kN·m，即仅考虑土压力作用效果时，基坑回填后支护桩最大弯矩大于开挖阶段的最大弯矩，支护桩处于持续发挥作用状态。

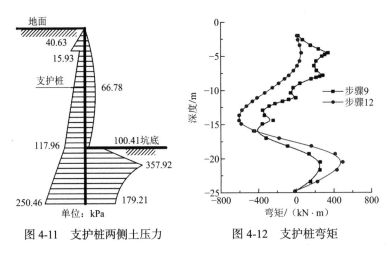

图 4-11   支护桩两侧土压力   图 4-12   支护桩弯矩

（3）案例结论的一般性推广

对济南市高速广场、和信大厦、郎城中心、滨河商务中心等类似桩锚支护深基坑工程分析，相关参数见表 4-4，数值模拟过程无水且不考虑地表荷载。

同类工程桩锚支护参数   表 4-4

工程名称	挖深/m	支护桩桩径/mm	桩间距/mm	嵌固深度/m	嵌固深度与挖深比	预应力锚索数量/条	肥槽宽度/mm
1. 济南市高速广场	−18.5	800	1 500	10.0	0.54	4	1 500
2. 济南市和信大厦	−13.0	800	1 500	8.0	0.62	4	1 500
3. 济南市郎城中心	−15.0	800	1 500	7.0	0.47	4	1 500
4. 济南市滨河商务中心（5-5 剖面）	−15.8	1 100	1 600	9.0	0.57	3	1 500
5. 济南市滨河商务中心（7-7 剖面）	−15.2	1 100	1 600	8.0	0.53	4	1 500
6. 济南市恒大国际金融中心 1-1 剖面	−17.1	900	1 600	8.1	0.47	4	1 500
7. 济南市恒大国际金融中心 3-3 剖面	−21.0	1 100	1 600	10.0	0.48	5	1 500
8. 济南市某深基坑工程	−14.9	900	1 600	8.0	0.54	3	1 500

支护桩存在情况下地下室外墙土压力分布具有较高的规律性，经过分析、简化，得到图 4-13 一般结果：在 0.4 倍开挖深度范围内，地下室外墙土压力与静止土压力较为接近；在 0.4～0.7 倍开挖深度范围内，土压力基本没有变化，约为坑底静止土压力的 0.4 倍；在 0.7 倍挖深以下，由于桩体相对位移的减小，土压力逐步减小至坑底静止土压力的0.1 倍。为便于应用，可将图 4-13 中土压力分布包络线近似为折线形分布，得到的土压力分布简化曲线如图 4-13 所示。

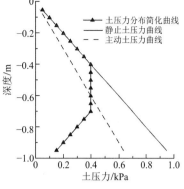

图 4-13 支护桩环境地下室
外墙土压力简化计算方法

4.1.3 临时支护永久作用的应用

1. 地下室外墙内力计算

针对图 4-3 工程实例，分别按静止土压力分布曲线和土压力分布简化曲线计算地下室外墙内力，将其与 PLAXIS 模拟值做对比。由于所选工程基本满足地下室无横墙或横墙间距大于等于两倍层高的要求，所以地下室外墙可按单向板计算，沿竖直方向取 1m 宽地下室外墙进行分析，地下室楼板和基础底板视为地下室外墙的支点，地下室外墙视为底端嵌固、顶端铰支[9,10]，内力计算结果如表 4-5 所示。

地下室外墙内力计算比较   表 4-5

地下室外墙内力计算方式	最大剪力绝对值/kN·m	位置/m	最大弯矩绝对值/kN·m	位置/m
按静止土压力计算	302.40	−12.9	203.88	−17.1
按土压力简化曲线计算	159.06	−8.1	126.12	−8.1
PLAXIS 模拟值	148.23	−8.1	117.69	−8.1

由表 4-5 计算结果显示，目前忽视基坑支护的结构设计，地下室外墙受力按静止土压力计算，与其实际受力状况差异较大。按静止土压力计算，所得地下室外墙最大剪力约为模拟值的 2 倍，最大弯矩约为 1.7 倍，且最大内力发生位置存在较明显差异。对比发现，按土压力分布简化曲线计算，所得内力与模拟结果较为接近，两者最大值相对误差小于 8%，即土压力简化曲线能较好地反映工程实际，因此，在支护桩存在条件下的地下室外墙受力可参照图 4-13 中土压力分布简化曲线进行计算。

2. 地下室外墙优化

所选工程地下室外墙厚 600mm，采用 C40 混凝土浇筑，纵向布置 HRB400 型钢筋，按单向板设计，只考虑静止土压力作用，水平荷载分项系数 1.2，依据文献[11]中裂缝计算方法最大裂缝宽度计算结果为 0.168mm。保持配筋率不变条件，按简化后的土压力分布对地下室外墙进行优化设计，设计依据相应规范进行，满足构造要求，裂缝计算结果如表 4-6 所示。

地下室外墙裂缝计算比较   表 4-6

计算条件	弯矩/kN·m	墙厚/mm	配筋面积/mm²	配筋率/%	最大裂缝/mm
原始设计	244.66	600	2 376	0.46	0.168
优化设计	151.34	450	1 818	0.45	0.171

由表 4-6 配筋率和裂缝控制效果相似的前提下，受力条件按简化土压力分布曲线设计的地下室外墙厚度仅为 450mm，相比原设计减小 150mm，具有较高的经济效益。

4.2　支护和主体结构相结合技术的新进展

支护和主体结构相结合作为我国基坑标准[1,2,16]明确的技术，基坑工程设计实践中应用的不多，其原因在于岩土和结构工程专业的分离与工作习惯。但支护和主体结构相结合却反映了地下工程系统的相互影响，启示基坑支护绿色发展方向值得基坑与地下结构设计人员应用和尝试。

4.2.1　支护和主体结构相结合

1. 支护和主体结构相结合的技术

基于地下结构系统，基坑支护与主体结构是天然的"孪生兄弟"，无奈基坑支护与主体结构设计的专业分离，将同在同一场地的两个部分截然分开。当岩土工程专业进行基坑设计时，主体地下结构方案已经确定，王卫东等提出了基坑支护与主体结构相结合的技术[1,2,12-16]，基坑工程设计时，定位竖向支护构件为临时支护或将来成为地下结构的一部分，或在开挖阶段与地下主体部分构件（如水平梁板、地下室柱和基础桩等）结合形成基坑支护结构。被利用的主体构件开挖和主体地下结构施工阶段发挥支护作用，主体地下结构施工结束，支护桩、墙失效或成为地下室外墙的一部分，主体构件恢复主体功能。该技术已列入国家、行业和地方基坑工程技术标准[1,2,16]，是岩土工程专业在主体结构方案基础上，综合比选支护形式和施工工况，结合主体构件布置，构建的支护与主体相结合的基坑支护体系。其优点是在地下结构施工阶段利用了结构构件或将某些支护构件成为主体结构的一部分，减少浪费促进环保；也存在不足，即基坑设计赋予结构构件开挖阶段荷载，增加构件使用工况，往往导致结构专业改图，不容易被结构工程专业接受。

2."结构岩土化"设计理念[17]

考虑地下结构系统设计的专业分工，基坑工程由岩土工程专业完成，基坑支护与主体结构相结合的技术实际是由岩土工程专业提出并利用了结构工程专业设计的地下构件，因此也可称为"结构岩土化"技术。对应基坑"临时性"设计理念，支护和主体结构相结合技术发源于让结构构件提前发挥基坑支护功能，一定程度体现了"结构岩土化"理念或思路，相应方案决策过程可以称为基坑工程的"结构岩土化"设计方法。

该方法需要因时、因地、因环境制宜，综合考虑周边环境、支护和主体结构形式、工期、工序等，在一定程度体现了绿色、环保原则，为岩土或基坑设计工程师提供了新选择。

4.2.2　基坑支护兼作主体复合地基[18]

1. 大剧院台仓支护

（1）双排支护桩"一桩两用"

济南省会艺术中心大剧院项目第 2.1.2 节已经介绍，台仓支护采用双排桩 + 1 排预应力锚索。双排桩占用复合地基桩位，既作支护又为复合地基桩，实现"一桩两用"。开挖阶段发挥支护功能，承担弯、剪作用；台仓结构完成后作为复合地基增强体承担竖向荷载。

（2）构造处理

由于支护桩和冠梁竖向刚度增强，地基刚度存在明显差异，为避免对基础结构造成影响，通过褥垫层厚度差异调整不同部位变形。褥垫层作为复合地基的重要组成部分，它保证桩、土共同承担荷载，还能调整桩土应力比，减小基础底面的应力集中。筏板、复合地基作为一个协同受力体系，在不同刚度的地基上面设置不同厚度的褥垫层将直接影响桩的反向刺入程度，从而调节地基刚度差给筏板造成的不均匀沉降，降低基础内力。支护桩处冠梁上褥垫层厚 300mm，其他部位为 150mm（图 4-14）。

2. 计算分析

（1）计算模型与参数

选用 Hardening-Soil（HS）本构模型，截断边界取双排桩 2 处条状土体进行建模，考虑到邻近双排桩的影响，将土条宽度延长到邻近桩位置（图 4-15），故土条宽度取 6m。开挖深度 12.75m，坑内宽度 20m，整个模型平面尺寸 80m×6m，深度 50m。土体采用可以精确计算应力和失效荷载的 10 节点四面体单元模拟。筏板采用 6 节点三角形壳单元模拟，双排桩纵横冠梁及腰梁采用 3 节点梁单元模拟，CFG 桩和灌注桩采用"embeddedbeam"单元。预应力锚杆用"点对点锚杆"单元和"embeddedbeam"单元分别模拟自由段和锚固段。其他参数见文献[18]。

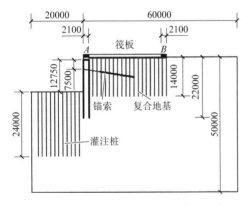

图 4-14　支护与复合地基及桩基关系示意图
（单位：mm）

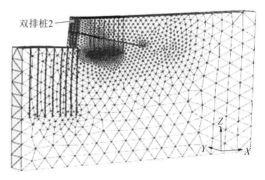

图 4-15　集约化计算有限元模型

（2）复合地基侧向变形

图 4-16 为开挖结束时前、后排桩及距支护结构不同距离处土体的水平位移曲线。其中图 4-16（a）为考虑复合地基、群桩基础与支护结构共同作用的实际模型所得位移曲线，图 4-16（b）为天然地基模型所得结果。可知，当距围护结构距离与开挖深度的比值小于 0.5 时，土体水平位移曲线与双排桩变形模式相似，呈比较明显的弓形分布形式，位移在中间表现为最大，而上部下部的位移相对较小。随着继续远离围护结构，土体水平位移逐渐减小，水平位移曲线变为地表位移最大的悬臂式曲线分布。当距离继续增加，曲线趋于平缓，逐渐变为竖直线，表明基坑开挖对坑外深层土水平位移的影响已经很小。

对比图 4-16（a）和（b）可知，基坑开挖对实际模型土体的影响范围约为 1.5 倍挖深，对天然地基的影响范围为 2 倍挖深，表明实际模型受到的影响范围更小；且实际模型中水平位移较天然地基明显减小。其中前排桩最大侧向变形 28.72mm 减小到 9.57mm，减小 66.7%。

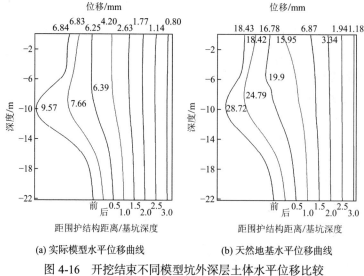

(a) 实际模型水平位移曲线　　　　(b) 天然地基水平位移曲线

图 4-16　开挖结束不同模型坑外深层土体水平位移比较

（3）支护桩耐久性分析

支护桩永久作为复合地基桩，考虑受弯的裂缝宽度进行耐久性验算。我国规范[11,19]只给出矩形、T 形、倒 T 形和 I 形截面受拉、受弯和偏心受压构件的最大裂缝宽度计算公式，按照文献[20]验算圆形截面构件在受拉、受弯和偏心受压情况下的最大裂缝宽度。双排桩配筋参数如表 4-7 所示。

表 4-7

双排桩配筋参数

配筋类型	级别	钢筋实配值	实配面积/mm²
纵筋	HRB335	$10\phi25$	4909
箍筋	HPB235	$\phi8@200$	503
加强箍筋	HRB335	$\phi14@2000$	154

图 4-17 为双排桩弯矩随开挖的变化情况。随开挖深度增大，双排桩弯矩值也逐渐增大，开挖结束时，前排支护桩最大弯矩为 139.00kN·m，后排桩最大弯矩值为 67.10kN·m。对前排桩最大弯矩处进行抗裂计算，由式(4-2)[20]可得最大裂缝宽度 0.17mm ＜ 0.20mm，满足耐久性设计对最大裂缝的要求。

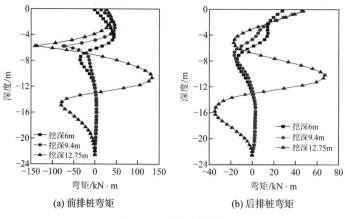

(a) 前排桩弯矩　　　　　　(b) 后排桩弯矩

图 4-17　双排桩弯矩图

$$w_{\max} = \alpha_1 \alpha_2 \alpha_3 \frac{\sigma_s}{E_s}\left(\frac{c+d}{0.30+1.4\rho_{te}}\right) \qquad (4\text{-}2)$$

式中：α_1——构件受力特征系数，受弯构件取 1.0；

$\quad\quad\alpha_2$——钢筋表面形状的影响系数，带肋钢筋取 1.0；

$\quad\quad\alpha_3$——准永久组合或重复荷载影响的系数，对施工期可取 1.0。

（4）褥垫层厚度分析

建立 4 组不同褥垫层厚度模型（表 4-8），分析地基基础沉降，选择适宜厚度。图 4-18 为荷载作用下土体沉降云图，可以看出，土体的整体沉降趋势为"盆状"，中间大两边小。原因为均布荷载作用下，复合地基群桩中各桩所引起的土中应力重叠，内部桩桩尖平面处的土中附加应力大于边桩桩尖平面处土中的附加应力，使得内部桩的沉降量大于边桩的沉降量。另外，基坑开挖的影响，造成沉降分布的极值区域中心向基坑回填区一侧发生偏移。图 4-19 为不同褥垫层厚度下筏板沿 X 向沉降曲线。由图可知，筏板沉降中间大，两边小，与土体沉降曲线相似，且沉降随褥垫层厚度增大而增大。沉降极值区域中心亦向基坑回填区方向偏移。由于双排桩刚度大于 CFG 桩，同一荷载作用下筏板在 X 方向两端发生不均匀沉降，呈现双排桩顶部沉降小于其他部位。规范[2]规定对于高度小于 20m 的建筑，基础沿倾斜方向两端点的沉降差与其距离的比值（倾斜度）不超过 0.008。由图 4-19 可知，当双排桩顶部褥垫层厚度由 150mm 增大到 300mm 时，筏板倾斜度不断减小，由最初的 0.18% 减小到 0.05%，且减小速率不断降低，表明调整褥垫层厚度适应支护桩与 CFG 桩不同刚度的措施有效。

各桩顶部褥垫层厚度（mm）　　　　　　　　　　　　　　　　　　表 4-8

桩类型	模型 1	模型 2	模型 3	模型 4
支护桩	150	200	250	300
CFG 桩	0	50	100	150

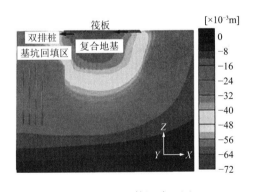

图 4-18　土体沉降云图

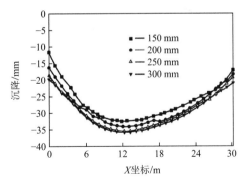

图 4-19　不同褥垫层厚度沉降曲线

4.2.3　抗浮锚杆与土钉墙的集约化设计[17,21]

1. 工程背景

（1）会展中心地铁车站概况

济南西部会展中心位于济南西部新城核心区中心发展轴与二环西路交汇处，南接日照路，北至威海路，西起滨州路，东至二环西路，占地面积约 18.3 万 m²，建筑面积约 55 万 m²。

规划轨道交通 6 号线自西向东穿过会展中心，在会展中心地下设站。该站采用明挖法施工，与会展中心地下结构同时进行。会展中心先行建成后，盾构暗挖贯穿展馆。明挖地铁车站区段位于会展中心基坑底，形成坑中坑格局。

会展中心基底标高−10.37m，地铁明挖区段基底标高−18.92m，会展中心采用筏板基础，基底设置抗浮锚杆，间距 2m 矩形布置，直径 250mm，长度 17m，注入 M30 水泥砂浆。整体的平面布置见图 4-20，土层参数见表 4-9。

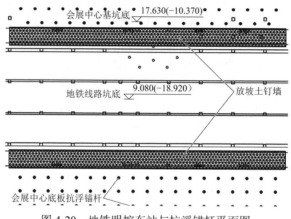

图 4-20　地铁明挖车站与抗浮锚杆平面图

土层参数　　　　　　　　　　　　　　　　　　　　表 4-9

土层号	土层名称	土层高程/m	重度/（kN/m³）	内摩擦角/°	黏聚力/kPa
①	粉质黏土	−11.7～−10.37	19	38	23
②	粉质黏土	−16.7～−11.7	19.1	37	25
③	粉质黏土	−31.15～−16.7	18.6	36.5	13
④	强风化辉长岩	−51.2～−31.15	18.8	55	30

（2）地铁车站基坑支护设计

按照临时性设计理念，地铁车站基坑采用放坡土钉墙支护（图 4-21），计算分析依照文献[1]方法，应用理正软件计算，土钉设置及承载力见表 4-10。混凝土面层采用φ6.5@250×250 钢筋网，喷射 C20 混凝土。

图 4-21　土钉墙剖面设计

土钉参数　　　　　　　　　　　　　　　　表 4-10

土钉编号	长度/mm	水平间距/mm	钻孔直径/mm	抗拔承载力检测值/kN
TD1	9 000	2 000	130	95.1
TD2	7 500	1 500	130	84.6
TD3	6 000	1 500	130	73.0
TD4	6 000	1 500	130	81.9

2. 抗浮锚杆复合土钉墙优化

因担心基坑开挖和回填土体密实程度，结构专业抗浮锚杆设计不考虑车站明挖深度，抗浮锚杆增加长度至 17m，等地铁车站完成后再施工。考虑会展中心地铁车站两侧均匀设置抗浮锚杆，如车站基坑直立开挖，抗浮锚杆可先行施工，不仅减少土方开挖量，且可以保证基坑深度土体对锚杆的侧阻力，缩短锚杆长度。对比微型桩复合土钉墙形式，按照支护与主体结构相结合的理念，将邻近地铁车站第一排锚杆水平间距加密至 1m，原设计土钉布置与混凝土面层不变，则形成临时土钉墙与永久抗浮锚杆共同作用的复合土钉墙支护结构，如图 4-22 所示。

（1）抗浮锚杆内力位移分析

临时性土钉墙与主体抗浮锚杆的结合，使得邻近地铁车站的抗浮锚杆在基坑开挖阶段承担水平荷载。考虑到目前国内基坑设计软件难以分析复合土钉墙组成构件内力情况，采用 PLAXIS 数值计算抗浮锚杆的受力和位移（图 4-23）。

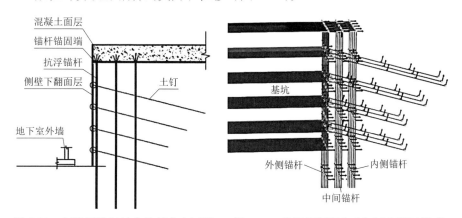

图 4-22　与抗浮锚杆结合的复合土钉墙　　图 4-23　抗浮锚杆复合土钉墙有限元模型

（2）抗浮锚杆耐久性分析

抗浮锚杆耐久性影响包含两个阶段：一是开挖过程锚杆弯矩影响（图 4-24）；二是永久使用阶段锚杆竖向抗拔。因此，抗浮锚杆纵向受拉钢筋的应力 σ_s 由弯矩 M_q 贡献部分和轴力 F_N 贡献部分叠加构成。

$$\sigma_s = \frac{M_q}{(0.45 + 0.26 r_s/r) A_s r} + \frac{F_N}{A_s} \tag{4-3}$$

式中：M_q——开挖过程锚杆弯矩；

　　　　F_N——构件轴力；

A_s——受拉区纵向钢筋截面面积；

r——锚杆成孔半径。

分析图 4-25 知，锚杆弯矩对裂缝的贡献起主导作用，抗浮力对锚杆裂缝的主要影响区段在锚杆上部 1/2 段。纵向受拉钢筋的应力峰值点在坑底附近，为 186.47N/mm²，主要由弯矩贡献。将所得应力代入式(4-2)、式(4-3)中，最终求得锚杆的裂缝宽度为 0.16mm，小于最大裂缝宽度 0.2mm 的要求。可知，抗浮锚杆支护作用不影响其耐久性。

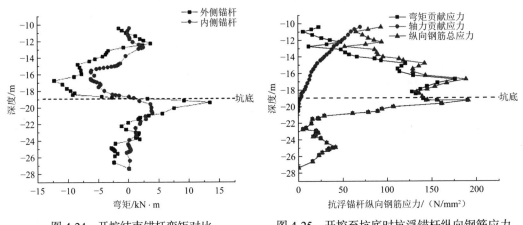

图 4-24　开挖结束锚杆弯矩对比　　　　图 4-25　开挖至坑底时抗浮锚杆纵向钢筋应力

值得说明，当抗浮锚杆由于基坑开挖影响，不能满足耐久性要求时，需要重新布置抗浮锚杆，保证开挖和永久使用安全。

4.2.4　支护结构永久利用的一体化管廊[22-24]

1. 一体化管廊结构概况

综合管廊近年得到较快发展，一般采用板式结构如图 4-26 所示，在支护保护（图 4-27）下开挖建设。

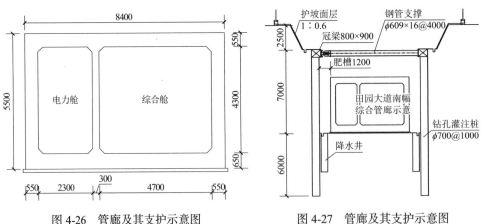

图 4-26　管廊及其支护示意图　　　　图 4-27　管廊及其支护示意图

研究图 4-27 管廊支护及其结构，适宜条件下将支撑下移与顶板平齐，两侧支护桩收缩至管廊侧壁，支护桩成为管廊侧壁的柱，支撑成为管廊顶板的梁。管廊侧壁和顶板、底板构造设置，不承担荷载，这样桩撑支护永久利用便可形成梁柱式一体化管廊。板式结构（图 4-26）改变为梁柱式（图 4-28）。一体化管廊让支撑转换为结构梁，承担顶部覆土荷载，减少拆撑换撑工序；同时，将梁承担的荷载由支护桩传递至下部土体，支护桩成为管廊侧壁的柱，并受管廊底板、顶板支撑，避免围护桩浪费，减少挖填空间及工作量。

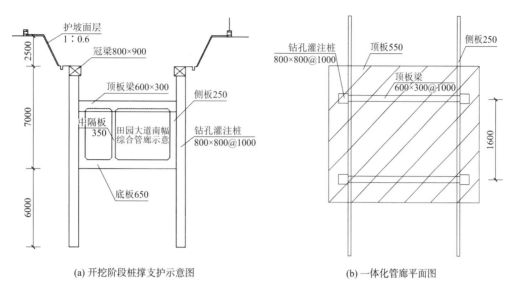

(a) 开挖阶段桩撑支护示意图　　　　　　　(b) 一体化管廊平面图

图 4-28　梁柱式一体化管廊及其支护示意图

2. 一体化管廊结构计算分析

（1）施工顺序

一体化管廊支护开挖工序与普通基坑一致。先施工支护桩、开挖、支撑，开挖至基底，然后施工管廊底板、侧板、顶板，再回填至地面。施工工序见表 4-11。

管廊施工工序

表 4-11

工况	施工内容	工况	施工内容
初始工况	加载基坑外围地面超载	工况 4	挖至坑底
工况 1	支护桩施工	工况 5	垫层、管廊施工
工况 2	挖至−4.5m	工况 6	填土至地面
工况 3	顶板梁及腰梁施工	工况 7	施加基坑范围地面超载

（2）管廊立柱变形及受力分析

采用数值模型（图 4-29），自基坑开挖（工况 2）至加载地面超载（工况 7），管廊立柱变形见图 4-30，并与原结构（图 4-27）典型工况 6、7、9 进行对比[23,24]。

工况 4 至工况 7，由于管廊顶梁和底板的支撑作用，管廊柱变形模式发生变化，柱顶和柱底变形最小，最大变形发生在管廊底板处。对比原设计，桩身最大变形仅为其 2/5。管廊柱侧压力见图 4-31，支护桩转化为管廊侧柱的一体化结构过程中，侧压力基本小于等于静止土压力，管廊柱经上部土体回填后弯矩有所减少，表明临时结构可以转化为主体结构，管廊立柱弯矩图见图 4-32。

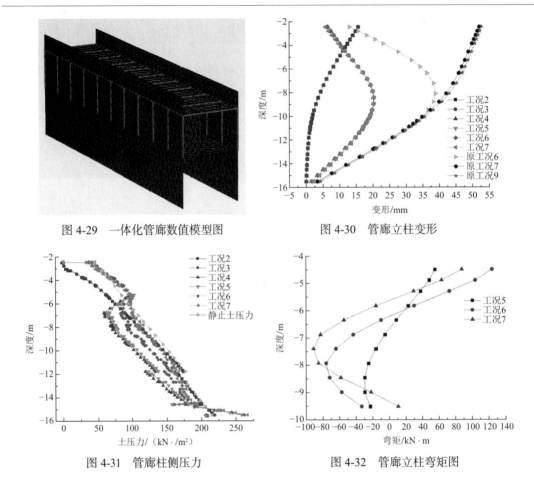

图 4-29　一体化管廊数值模型图

图 4-30　管廊立柱变形

图 4-31　管廊柱侧压力

图 4-32　管廊立柱弯矩图

（3）管廊顶梁变形及受力分析

工况 4 至工况 7 管廊顶梁的弯矩见图 4-33。顶梁的弯矩极值发生在回填后的工况 6、工况 7，由于中隔板的存在，顶梁弯矩在中隔板位置发生变化，最大弯矩在两端，最大值约为 460kN·m，最小值发生在右舱顶梁的中间位置，最小值约为 210kN·m。

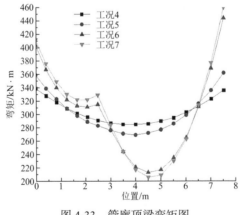

图 4-33　管廊顶梁弯矩图

3. 一体化管廊结构经济分析

一体化管廊结构使开挖阶段的支护桩变成了使用阶段的管廊柱、支护阶段的撑变成了使用阶段的梁,同时将板式管廊改变为梁柱式。案例分析混凝土材料节约 60%,扩大 24% 的有效使用空间,取消肥槽,减少挖、填方约 20%,效益显著,预示绿色、低碳发展方向。当然,具体实施还要深化防水构造、柱板、梁板连接等细节。

4.3 深基坑永久支护结构

深基坑临时支护桩永久存在,为地下室外墙承担土压力。根据地下工程系统,将支护与主体结构相结合,可以节省材料,减少挖填工程量,显示了绿色、生态方向。对于超过 10m 以上深基坑业内一般采用支挡式结构形式,将其永久化作为主体结构的一部分就会避免环境污染和基坑支护材料浪费,因此深基坑支护结构永久化大势所趋。

4.3.1 临时支护永久化改造[25]

基于地下工程系统,第 4.1.2 节分析了临时支护桩对地下室外墙的永久作用,地下室外墙承担的土压力明显减少,考虑一般地下室楼板布置,利用楼板平面内刚度无限大构造外伸支撑,实现临时锚索与支撑的转换,支护桩便形成了永久支护[26](图 4-34)。

1. 基于临时支护桩的深基坑永久支护结构

深基坑永久支护结构体系包括临时支护结构、地下主体结构和连接构件三部分(图 4-34)。临时支护结构采用桩锚支护,桩一般为混凝土灌注桩,主体结构地下部分至少包含 1 层完整地下室,连接构件

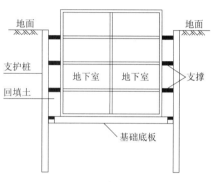

图 4-34 永久支护结构示意图

包括基础底板外伸支撑和梁板外伸支撑,基础底板外伸支撑为素混凝土支撑,两端分别连接基础底板和基坑支护桩;主体结构梁板外伸支撑为钢筋混凝土支撑,两端分别连接地下室外墙与支护桩,借助地下室水平结构为基坑支护桩提供约束力,使基坑支护桩与地下主体结构共同抵抗基坑外岩土侧压力。

2. 永久支护及其荷载分析

(1)工程案例

延续第 4.1.2 节工程,基坑支护采用桩锚支护,设置四道锚索。开挖结束,开始构造外伸支撑,将支护桩改变为永久支护构件,外伸支撑代替临时锚索,如图 4-35 所示。外伸支撑与支护桩和地下室外墙的连接如图 4-36 所示。

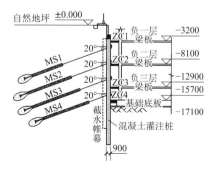

图 4-35 临时与永久支护示意图

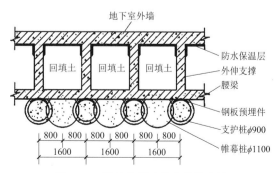

图 4-36 外伸支撑连接支护桩和墙

（2）工况荷载分析

临时支护构造为永久结构包含两个阶段：一是开挖和锚、撑功能转换，即地下结构系统形成过程；二是临时支护成为永久结构后正常使用。

地下结构系统形成过程分为开挖支护和地下结构施工两部分。开挖支护就是通常的基坑开挖过程；而这里的地下结构施工却与现在流行不一样，主要是包含锚、撑功能转换，更确切地说是把临时支护荷载转移到地下水平结构。开挖工况支护桩承担坑外岩土侧压力和水压力共同作用，此合力通过预应力锚索传递到坑外稳定土体；到达基坑底，通过基础底板和楼板外伸替换锚索，从而将坑外水土合力通过腰梁、外伸支撑等构件传递给地下室主体结构，形成"支护桩→外伸支撑→地下主体结构"的传力路径。

永久结构正常使用阶段，回填土结束并发挥作用，此时截水帷幕失效，地下水位恢复至工程场地通常水平。坑外土压力通过"支护桩→外伸支撑/回填土→地下主体结构"的路径传递，同时回填土侧压力及水压力共同作用于地下室外墙[27]。这样，临时支护桩得以永久利用，成为地下主体结构的一部分，地下室外墙的荷载相应削弱，进而可以适当优化。

3. 永久支护结构的力学性状

（1）计算模型

根据图 4-35 建立数值模型，模型网格结构如图 4-37 所示。考虑地下室梁板构件水平刚度无限大，对地下室外墙与梁板连接处进行位移控制，支护桩墙厚度 600mm，外伸支撑截面为尺寸 300mm × 300mm 的正方形，混凝土强度等级均取 C40。模拟过程按实际施工工况表 4-3 和表 4-12 进行，暂不考虑地下水和地表荷载影响，土体、锚索、支撑等参数见文献[25]。

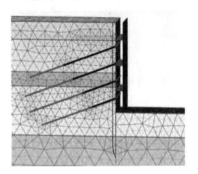

图 4-37　模型网格示意

锚、撑转换步序表　　　　　　　　　　　　　　　　表 4-12

步骤	施工项目
Step10	激活基础底板、三层地下室外墙以及第 3、4 道外伸支撑（ZC3，ZC4）
Step11	冻结第 4 道预应力锚索（MS4）
Step12	激活二层地下室外墙、第 2 道外伸支撑（ZC2）
Step13	冻结第 3 道预应力锚索（MS3）
Step14	激活一层地下室外墙、第 1 道外伸支撑（ZC1）
Step15	冻结第 1、2 道预应力锚索（MS1，MS2）
Step16	激活回填土体

（2）支护结构内力分析

永久支护形成包括基坑开挖（STEP1～9，见表 4-3），锚、撑转换（STEP10～15）及正常使用工况（STEP16）3 个部分。开挖过程即临时桩锚施工与发挥作用的过程；换撑过程是临时支护结构向永久支护结构转变，即外伸支撑逐渐生效与锚索逐步失效，桩体受力状态的改变导致桩身弯矩和位移的变化，进而导致坑外土体状态的改变，因此，对支护结构在换撑过程的性状研究是永久支护结构设计的一个重要方面。

　　锚、撑转换，支护桩应力再平衡，桩身约束作用、位置发生改变，支护桩内力随之发生变化，其中弯矩分布受换撑施工影响显著。预应力锚索是主动受力，外伸支撑是被动受力，因此，各层锚索轴力差异较小，外伸支撑轴力差异较大。表 4-13 为预应力锚索内力，表 4-14 为外伸支撑内力。对比表 4-13 和表 4-14，ZC1 内力远小于 MS1 轴力，ZC3 内力远大于 MS3 轴力。图 4-38 为锚、撑转换前后桩身弯矩曲线，相对于桩锚支护状态，换撑后支护桩上部弯矩明显减小，下部弯矩明显增大，桩-撑支护状态下的最大弯矩约为桩-锚支护状态下的 1.5 倍，土体回填之后的桩身弯矩相对桩-撑支护状态略有减小，但变化并不明显。综上可知，支护桩在桩-撑临时支护工况下处于最不利受力状态，换撑施工对支护桩设计提出更高要求，桩锚支护结构永久化设计需综合考虑各工况以便对支护桩设计做出校核与改进。

预应力锚索内力　　　　　　　　　　　　　　　表 4-13

锚索编号	锚索位置/m	轴力/kN
MS1	−4.500	369.86
MS2	−7.800	447.74
MS3	−11.100	457.63
MS4	−14.400	452.73

外伸支撑内力　　　　　　　　　　　　　　　表 4-14

支撑编号	支撑位置/m	轴力/kN	穹矩/（kN·m）
ZC1	−3.200	−134.32	29.63
ZC2	−8.100	−582.32	23.78
ZC3	−12.900	−915.63	51.97

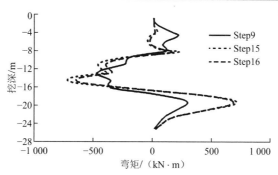

图 4-38　锚、撑转换前后支护桩弯矩曲线

（3）支护结构与地表变形分析

　　变形预测是基坑工程变形控制的核心内容之一，基坑支护方案的设计过程需要较准确地预测基坑的变形及其对周边环境的影响，其中，基坑支护结构水平位移控制和基坑外地表沉降控制对基坑支护结构设计具有重要意义[28,29]。基坑开挖过程永久支护结构即临时桩锚支护，主要区别在于临时向永久的转化过程桩身水平位移曲线的变化，如图 4-39 所示。基坑开挖结束（Step9）时，支护桩呈现复合式变形模式[30]，支护桩的最大位移出现在挖深

−13m 处，最大位移约为 28.5mm；换撑施工桩身应力再平衡，将地下室水平梁板刚度视为无限大，分步固定地下室外墙与梁板结构接触位置位移，外伸支撑作用处的桩身变形基本不再变化，桩顶位移和桩底位移明显减小，桩顶位移减少 0.5mm，桩底位移减少 2.3mm。

基坑外地表沉降量曲线如图 4-40 所示。基坑开挖结束（Step9）时，基坑外地表的沉降主要发生在坑外 2 倍挖深范围内，最大沉降量发生在坑外 17m 位置，最大沉降量约为 13.5mm，沉降曲线与 Hsieh 等[31]对凹槽型的研究结果一致；换撑施工对基坑外地表沉降有明显影响，由于该过程支护桩位移变化较小，所以，是锚索回收导致土体挤压作用消失进而增加了土体沉降，其影响范围主要集中在预应力锚索锚固范围内。换撑施工过程中，预应力锚索锚固范围内土体的沉降量明显增大，且最大沉降点位置有向坑边靠近的趋势，最大沉降量增加 3.5mm。

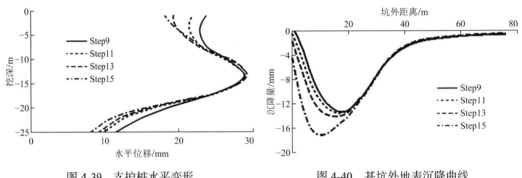

图 4-39　支护桩水平变形　　　　　图 4-40　基坑外地表沉降曲线

（4）地下室外墙内力分析

图 4-41 为不同工况的地下室土压力比较，其中 Line1 为永久支护结构在基坑回填锚索失效后正常使用工况地下室外墙上的土压力；Line2 为锚索失效临时支护桩存在的地下室外墙的土压力（可与图 4-6 和图 4-13 比较）；Line3 为忽视支护桩情况下作用在地下室外墙的土压力；Line4 为静止土压力计算值。由图 4-41 可知，永久支护结构正常使用工况地下室外墙受力与埋深关系不大，土压力值为 10～20kPa，与正常结构设计、临时支护遮拦等情况不符。因此，基于临时支护的永久支护结构不仅永久利用了基坑支护桩，还能显著优化地下室外墙厚度，促进地下结构系统绿色、低碳。

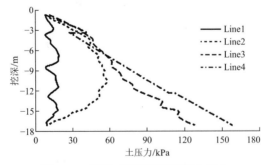

图 4-41　不同工况地下室外墙土压力

由于上述永久支护结构构造是基坑工程设计工程师采用了"结构岩土化"理念，还要对临时支护桩进行耐久性验收，有关算法参考式(4-2)、式(4-3)，这里不再重复。

4.3.2　深基坑支护永久化理念

第 3 章介绍了复合地基与支护结构的共同作用，揭示了坑外复合地基减少了主动区土压力。由此，基于基坑支护与地下室组成的地下结构系统，第 4.1.2 节发现临时支护桩对地下室的遮拦作用，支护桩存在地下室外墙土压力明显减少。在此基础上，基坑设计工程师根据"结构岩土化"理念，借用地下水平结构平面内刚度无限大特征，构造了基于临时支护的永久支护结构，第 4.3.1 节的分析表明深基坑永久支护结构不仅促进了既有的基坑工程理论进步，也证明永久支护条件下地下室外墙传统计算方法应该相应调整[32]。这些成果或结论实质是基坑支护与主体结构集约化作用的结果，考虑地下结构及其相互作用并充分利用，预示了深基坑工程变革方向。

1. 深基坑支护结构永久化概念和理念

（1）概念

深基坑支护结构永久化是指深基坑支护结构是地下结构系统的组成部分，和主体结构具有同样的使用寿命。它与现行基坑通常做法[1]"临时性"有本质区别，需要责任主体特别是建设单位思维的根本变革，通过"顶层设计[34]"统一责任主体思想和行动。

（2）理念

《辞海》（1989）对"理念"一词的解释有两条，一是"看法、思想、思维活动的结果"；二是"理论，观念（希腊文 idea）"，通常指思想[33]。深基坑支护结构永久化理念是在客观分析支护与地下结构集约化基础上，考虑地下结构系统，通过岩土与结构专业紧密合作能够实现的科学、合理方向。说其科学，是因为支护结构安全承担了坑外荷载；称其合理，在于支护结构及其材料充分利用。深基坑永久支护结构不是不能做，而是没有做，或者 30 多年的"临时性"定位，已经让人们习惯"临时性"的处理方法。因此，深基坑支护结构永久化可以做，而且不难做，它需要业内解放思想，对"临时性"进行根本变革，才能逐渐树立起"永久化"理念。

2. 深基坑永久支护"岩土结构化"方法

利用地下主体水平结构，岩土工程师构造了基于临时支护桩的永久结构，那么，通过预先定位，让建设主体各单位及相关决策人员统一思想，直接把基坑支护定位永久结构，便可延续支护作用，节省结构造价。

（1）永久支护顶层设计

"顶层设计"在中共中央关于"十二五"规划的建议中首次出现。其实，顶层设计也是一个工程学概念，本意是统筹考虑项目各层次和各要素，追根溯源，统揽全局，在最高层次上寻求问题的解决之道[34]。这里用于基坑工程决策，根本目的在于强调工程五方责任主体[35]对于深基坑支护永久结构的共识，以及围绕永久对临时的根本改变采取的针对性措施。

（2）"岩土结构化"方法

永久支护实际是"岩土结构化"过程。"岩土结构化"与"结构岩土化"孪生，表明岩土与结构两个专业在地下结构系统的设计互动，意在阐明深基坑支护结构永久化的过程：把岩土工程专业完成的、属于岩土工程内容的基坑支护转化为地下结构的组成部分；对应岩土工程专业利用地下主体结构构件在开挖阶段发挥支护作用（第 4.2.1 节），揭示二者行为主体主动作为的愿望和效果的不同。结构专业承担结构设计任务，为结构主体负责，因此实现深基坑支护结构永久化，必须结构专业认可。"顶层设计"就是为结构专业同意支护结构永久做的准备，结果是岩土工程的支护成为地下结构的一部分，即"岩土结构化"。

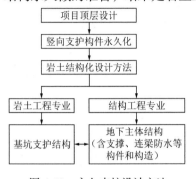

图 4-42　永久支护设计方法

具体设计方法如图 4-42 所示。项目主体负责人特别是建设单位主管，明确竖向围护结构定位永久支护，两个设计专业岩土工程和结构工程共同携手、分工明确：基坑支护结构按照永久使用荷载组合及选择结构材料，完成基坑支护选型和开挖、永久转换计算分析；地下主体完成支护桩连梁、外伸支撑等传力构件和与永久支护相适应的地下室外墙及其防水构造设计；施工、监理按照支护结构形成的永久外墙和地下室的构造外墙进行施工组织和质量控制。

4.3.3　深基坑永久支护理论[36]

如图 4-34 所示深基坑永久支护结构，尽管它起源于"结构岩土化"理念，但由此形成了"岩土结构化"的进步。深基坑支护结构永久化实质是支护与地下室外墙集约化作用的利用和延伸。以图 4-43 示例永久支护结构及其构件分析方法。

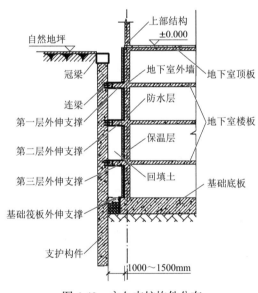

图 4-43　永久支护构件分布

1. 设计原则

1）永久支护结构的荷载组合

相比临时支护只包含开挖阶段，永久支护理论是增加了构建和使用阶段承担的荷载。正常使用的持续即永久支护，主要承受源自土压力以及地面超载的水平荷载。地面超载包含周边环境既有设施的重力和施工过程的荷载。施工荷载属可变荷载；项目正常使用后，施工荷载代之以一般道路荷载。考虑支护结构开挖阶段施工荷载已纳入结构分析，且一般考虑 20kPa 左右，永久支护结构荷载组合只有基本组合。

2）承载能力极限状态

（1）支挡、连梁、支撑、地下室外墙（图 4-43）等构件及其连接节点因超过材料强度或过度变形，应采用统一混凝土强度等级，需满足：

$$\gamma_0 S_d \leqslant R_d \tag{4-4}$$

$$S_d = \gamma_F S_k \tag{4-5}$$

$$R_d = R(f_c, f_s, \cdots)/\gamma_{Rd} \tag{4-6}$$

式中：γ_0——支护结构重要性系数，取 1.1；

$\quad S_d$——作用基本组合的效应（轴力、弯矩等）设计值；在抗震设防地区按作用的地震组合计算；

$\quad R_d$——结构构件的抗力设计值；

$\quad \gamma_F$——作用基本组合的综合分项系数，$\gamma_F = 1.35$[37]；

$\quad S_k$——作用基本组合的效应；

$\quad \gamma_{Rd}$——结构构件的抗力模型不定性系数，一般取 1.0；抗震设防地区设计取 γ_{RE}[38]。

（2）永久支护结构稳定性计算和验算，包括整体、局部和渗流稳定均应符合下式要求：

$$\frac{R_k}{S_k} \geqslant K \tag{4-7}$$

式中：R_k——抗滑力矩值；

$\quad S_k$——下滑力矩值；

$\quad K$——稳定性安全系数，施工阶段按照文献[1]选取，施工结束的正常功能按照文献[2]选取。

3）正常使用极限状态

永久支护结构包含施工和结束之后的使用，强调开挖和主体施工结束后支护结构、周边环境变形持续满足：

$$S_d \leqslant C \tag{4-8}$$

式中：S_d——荷载标准组合或准永久组合的作用效应（位移、沉降等）设计值；

$\quad C$——周边环境变形的限值，以及由其决定的支护结构的位移。环境变形限值是既有位移和基坑开挖与永久支护形成过程的叠加，是确定永久支护位移的依据。

2. 永久支护结构过程分析

1）开挖阶段

与目前临时性支护结构一样，由岩土工程专业设计，承担坑外水平荷载，保证坑内土方顺利挖出。

2）永久支护结构构造阶段

由结构工程专业设计，完成主体地下结构及其与永久支护结构的连接构件，如连梁、外伸支撑等。

（1）连梁设计与施工

连梁指连接挡土构件、将地下结构岩土压力传递给外伸支撑的构件（图 4-43）。最下端连梁由基础或垫层外伸形成，其他各层连梁通过对支护构件改造设置。连梁截面高度大于楼板厚度，宽度不大于 300mm。连梁连接节点构造如图 4-44、图 4-45 所示。

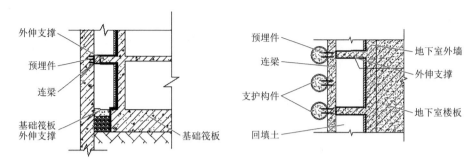

图 4-44 连梁与外伸支撑连接节点剖面图 　图 4-45 连梁与外伸支撑连接节点平面图

（2）外伸支撑设计与施工

支撑由地下室外墙外伸，截面高度与楼板平齐，梁式支撑宽度宜 300mm 以内，也可采用板式支撑。经过工况转换，外伸支撑成为挡土构件的刚性支点。

（3）外伸支撑替换临时水平构件

图 4-46 是换撑、拆撑过程中的一个工况示意图。永久支护结构体系的形成是外伸支撑取代临时支护水平构件的过程，每一工况转换就是一层外伸支撑施工完成，其上、下相近的临时水平构件拆除。

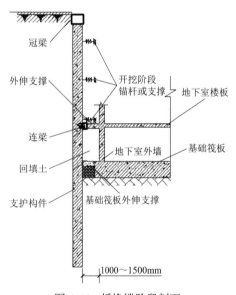

图 4-46 拆换撑阶段剖面

为了控制换撑时挡土构件变形增大[25]，外伸支撑需设置合适水平的预应力。预应力存在最佳比例，永久支护体系形成过程需计算比选后确定。

3）正常使用阶段

所有外伸支撑代替临时水平构件后，即为正常使用阶段的开始，此时如需要地下室外墙可按最小构造要求设计[25]，也可不设。

3. 永久支护结构过程荷载及分析内容

（1）过程荷载计算

采用永久支护结构，如保留地下室构造外墙，需预留 1000～2000mm（肥槽）工作空间并于竣工前回填。不同阶段支护构件与地下室外墙所受荷载见表 4-15。

支挡构件不同阶段受荷表　　　　　　　　　　　　表 4-15

阶段	构件	土压力①	荷载		
			水压力	回填土压力	超载 q_0
开挖	支护	√	√		
构建	支护	√	√		√
	外墙			√	
使用	支护	√	√		√
	外墙			√	√

①静止土压力；甲级建筑，使用周期 100 年时需考虑帷幕失效。

（2）结构分析内容，见表 4-16。

永久支护形成阶段及分析内容 表 4-16

阶段	基本构件		控制目标强度、变形、稳定性
开挖	永久支护构件	临时水平构件	
构建	支护连梁	锚杆、内撑	承载能力和正常使用极限
使用	支护构件耐久性	外墙耐久性	

4. 结构分析方法

较深基坑永久支护适用弹性支点法[1]，深基坑应采用第 2 章三维整体设计法。

1）永久使用构件

（1）内力

桩、墙、连梁等按正截面弯、剪构件计算[38]。开挖阶段获得弯矩和剪力最大值$M_{KW,max}$，$V_{KW,max}$ 及其位置；构建阶段明确挡土构件弯矩和剪力最大值$M_{GJ,max}$，$V_{GJ,max}$ 及其位置。外伸支撑可按压杆计算，适当设置预应力，其大小以开挖结束工况邻近水平构件拉力（锚杆）或压力（内撑）为依据，控制支护构件变形，保证$M_{GJ,max} \leqslant M_{KW,max}$；永久支护构建阶段的最后工况代表永久使用的工作状态。

（2）耐久性

裂缝控制保证构件耐久性。永久支护构件按照正截面最大弯矩计算裂缝，裂缝控制等级为三级，最大裂缝控制宽度$\omega_{lim} \leqslant 0.2mm$[38]。选取支挡构件在永久支护结构形成和使用过程中所受的最大弯矩，支挡构件矩形截面按文献[38]、圆形截面按文献[20]验算裂缝。同时，根据文献[39]验算永久支护结构在腐蚀性环境的耐久性。

2）临时水平构件

临时水平构件如锚杆、内撑仅开挖阶段发挥作用，设计计算荷载综合分项系数$\gamma_F = 1.25$，无需进行裂缝控制和耐久性验算。

4.3.4 深基坑支护永久化工程实践

1. 工程概况

山东省肿瘤防治研究院公共停车场（东区）项目位于济南市济究路 440 号山东省肿瘤防治研究院院内，场地绝对高程 39.5～39.9m。拟建停车场平面尺寸长 186.0m，宽 54.6m，采用框架结构，地上 3 层，地下 2 层，建筑高度约 15.8m（图 4-47）。

图 4-47　停车场及其周边环境

基坑大体呈长方形，东西长约 60m，南北长约 181m，基坑支护总长度约为 490m，基坑面积约为 11000m²，基坑开挖深度为 10.75～12.15m，基坑安全等级为一级，根据周边环境支护结构最大水平变形控制 0.3*H*%（*H* 为基坑开挖深度）。

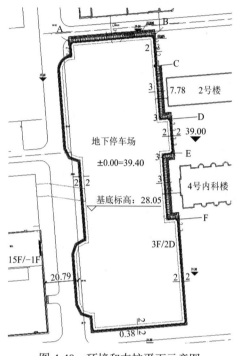

图 4-48　环境和支护平面示意图

（1）基坑环境条件

基坑周边环境复杂，周边建筑物、地下管线众多，环境和支护平面示意图见图 4-48。

北侧：医院内道路（道路宽 7m），拟建建筑外边线距道路边线 4.4m，距门诊医技楼南边线 15.47m，门诊医技楼地上 12 层，地下 1 层。

东侧：地下建筑外边线距 2 号楼外墙约 7.78m，2 号楼地上 4 层，无地下室，砖混结构，条形基础，基础埋深 1.65m；地下建筑外边线距 4 号楼外墙约 11.44m，4 号楼地上 4 层，无地下室，砖混结构，筏板基础，基础埋深 2.8m。

南侧：紧邻医院内部道路，道路宽 8m，南侧为空地。

西侧：紧邻医院内部道路，道路西侧为病房综合楼，地下 1 层，主楼地上 15 层。拟建停车场地下建筑外边线距综合楼地下室东边线 20.79m。

（2）工程地质条件

支护结构影响范围内的岩土分层及参数见表 4-17。

岩土分层及其参数表　　　　　　　　　　　　表 4-17

岩土层号及岩性	层厚/m	直剪		锚杆的极限黏结强度标准值 q_{sk}/kPa（二次压力注浆）	γ/（kN/m³）
		c/kPa	φ/kPa		
①层素填土	2.30	*12.0	*10.0	30.0	19.0
①₁层杂填土	1.59	*5.0	*12.0	30.0	19.0
②层黄土状粉质黏土	6.21	33.4	15.9	60.0	19.1
③层混粉质黏土	2.43	33.8	15.5	65.0	19.1
③₁层细砂	2.35	*3.0	*20.0	70.0	20.0
④层卵石混粉质黏土	2.90	*3.0	*35.0	120.0	20.0
⑤层粉质黏土	5.27	34.00	15.40	80.0	19.1

注：*号为经验取值。

（3）水文地质条件

拟建场区西南侧紧邻玉符河，地下水受玉符河水季节性变化影响较大，平水及枯水季节地下水补给地表水，地下水向玉符河排泄；汛期水位上涨，地表水体返补地下水。玉符河地表水体在丰水期与洪峰期间导致地下水上升对工程存在不利影响。勘察期间（2021 年 5 月），测得拟建停车楼区域地下水位埋深 12.60～13.50m，平均 12.97m。据调查，地下水年变幅约 3.00m，应考虑拟建场区历史最高水位标高 35.00m，近 3～5 年最高地下水位标高 33.00m。施工处于雨期，应考虑地下水对工程的影响。

2. 基坑与主体结构设计

基坑工程安全专项论证后，建设单位决定引入永久支护，与其他责任主体达成"顶层设计"共识，解决医院稠密环境临时支护浪费和地下管线迁建问题。基坑和主体设计单位按照永久支护设计方法（图 4-49）通力协作，各负其责；建设单位与图审单位提前沟通；施工、监理按永久支护要求落实施工组织和主要技术措施。

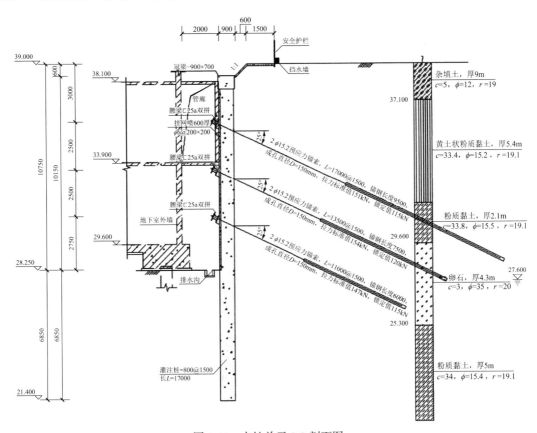

图 4-49　支护单元 2-2 剖面图

（1）基坑支护选型

总体方案选择桩锚支护，基坑划分 4 个支护单元 1-1～4-4，见图 4-48。支护桩按照永久支护设计采用与主体结构同样的 C40 混凝土，锚杆定位临时构件。现以 2-2 支护单元为例，介绍计算内容和设计方法。

（2）支护结构变形内力计算

2-2 挖深 10.55m，对应较深基坑，应用理正软件弹性支点法计算，永久支护结构计算分析工况见表 4-18。图 4-50 为位移、内力包络图，最大水平变形满足小于 0.3H%的要求（H 基坑开挖深度）。

永久支护结构计算分析工况 表 4-18

工况	工况类型	标高/m	支锚道号
1	开挖	35.90	—
2	加撑	36.40	1. 锚索
3	开挖	33.40	—
4	加撑	33.90	2. 锚索
5	开挖	30.90	—
6	加撑	31.40	3. 锚索
7	开挖	28.25	—
8	外伸支撑	29.60	基础底板外伸
9	拆撑	31.40	3. 锚索失效
10	外伸支撑	33.90	负二层楼板外伸
11	外伸支撑	38.10	1. 2. 锚索失效

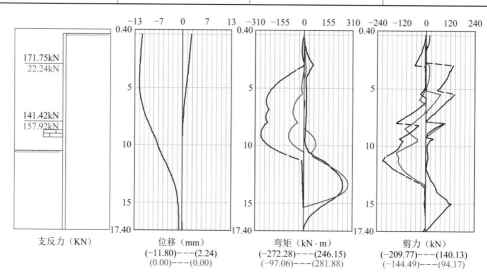

图 4-50　支护单元 2-2 位移、内力包络图

（3）支护桩和锚杆配筋计算

支护桩永久使用，荷载分项系数 1.35（表 4-19）；锚索开挖阶段临时发挥功能，荷载分项系数选用 1.25（表 4-20）。

支护桩配筋计算 表 4-19

桩是否均匀配筋	是	弯矩折减系数	0.85
混凝土保护层厚度/mm	50	剪力折减系数	1.00
桩的纵筋级别	HRB400	荷载分项系数	1.35
桩的螺旋箍筋级别	HPB300	配筋分段数	一段
桩的螺旋箍筋间距/mm	150	各分段长度/m	17.00

锚索配筋计算　　　　　　　　　　　　　　　　　　　　表 4-20

锚杆钢筋级别	HRB400	锚索材料弹性模量/($\times 10^5$MPa)	1.950
锚索材料强度设计值/MPa	1 320.000	注浆体弹性模量/($\times 10^4$MPa)	3.000
锚索材料强度标准值/MPa	1 860.000	锚杆抗拔安全系数	1.600
锚索采用钢绞线种类	1×7	铀杆荷载分项系数	1.250
锚杆材料弹性模量/($\times 10^5$MPa)	2.000		

（4）支护桩耐久性计算

根据勘察报告确定支护桩所处的环境类别二 b 类，进行桩身最大裂缝宽度计算。按照式(4-2)，计算支护桩最大弯矩 272.28kN·m。可得最大裂缝宽度 0.191mm < 0.20mm。

3. 结构设计

结构安全等级及使用年限见表 4-21，选用天然地基、筏板基础，天然地基持力层为③$_1$ 层细砂层或④层卵石混粉质黏土层。

结构安全等级及使用年限　　　　　　　　　　　　　　表 4-21

结构安全等级	重要性系数	设计使用年限	抗震设防类别	地基基础设计等级	建筑耐火等级	地下工程防水等级
二级	1.0	50 年	标准设防类	甲级	一级	一级

（1）初步方案

地下结构体系与永久支护桩连接采用外伸支撑形式，地下室外墙、地下室楼板适当加强。但经与施工单位沟通，外伸支撑较多，支撑连接节点构造、防水节点构造较复杂（图 4-51），质量难以保证。

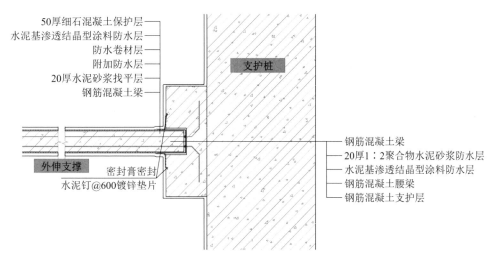

图 4-51　外伸支撑防水节点做法

（2）优化方案

采用外伸板，地下室外墙与支护桩贴紧（图 4-52）；考虑支护桩的垂直度，设置辅助衬墙（图 4-53），作为地下室外墙的外防水。同时，考虑地道风、综合管廊功能，增大了使用空间。

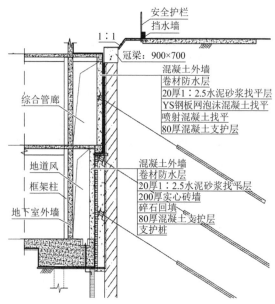

图 4-52 外伸板与地下室外墙防水做法　　　　图 4-53 地下室外墙衬墙防水内贴做法

4. 关键施工组织和技术

永久支护结构不仅包含支护桩，而且要形成有效防渗结构，还要与地下水平结构连接。图 4-54 展示了永久支护结构施工内容，图 4-55 细化了施工工序。关键工序有：

图 4-54 永久支护结构 BIM 图

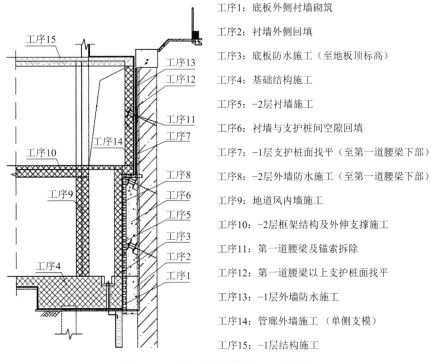

工序1：底板外侧衬墙砌筑

工序2：衬墙外侧回填

工序3：底板防水施工（至地板顶标高）

工序4：基础结构施工

工序5：-2层衬墙施工

工序6：衬墙与支护桩间空隙回填

工序7：-1层支护桩面找平（至第一道腰梁下部）

工序8：-2层外墙防水施工（至第一道腰梁下部）

工序9：地道风内墙施工

工序10：-2层框架结构及外伸支撑施工

工序11：第一道腰梁及锚索拆除

工序12：第一道腰梁以上支护桩面找平

工序13：-1层外墙防水施工

工序14：管廊外墙施工（单侧支模）

工序15：-1层结构施工

图 4-55　永久支护结构施工工序组成

1）支护桩施工

（1）支护桩质量验收标准

永久支护成为地下结构外墙，需严格控制单桩垂直度和墙体平整度，因此针对性调整支护桩质量检验主控项目指标[40]（表 4-22），如桩位误差允许向开挖面偏移 10mm；孔径小于 10mm；垂直度控制 0.5%等。

永久支护桩质量检验主控项目指标　　　　表 4-22

项	序号	检查项目		允许值或允许偏差		检查方法
				单位	数值	
主控项目	1	孔深		不小于设计值		用钢尺量
	2	桩身完整性		设计要求		
	3	混凝土强度		不小于设计值		28d 试块强度
	4	嵌固深度		不小于设计值		取岩样或超前钻孔取样
	5	桩位	平行于基坑开挖面	mm	$-30 \leqslant s \leqslant 30$	用钢尺量
	6		垂直于基坑开挖面	mm	$0 \leqslant s \leqslant 10$	用钢尺量
	7	孔径		mm	$0 \leqslant s \leqslant 10$	用钢尺量钻头、孔径仪测
	8	钢筋笼主筋间距		mm	$-10 \leqslant s \leqslant 10$	用钢尺量
	9	垂直度		$\leqslant 1/200$		测钻杆倾角、超声波法
	10	平整度				

注：s 为误差，支护桩轴线靠近开挖面为正。

（2）场地和技术准备

确定支护桩施工轴线和定位，严格平整场地，确定支护桩施工工序，压实桩基工位和施工通道地基，制作和设置保证钻机平整稳定的活动基础，利于钻机移动、就位和水平控制。

初步确定施工工艺和设备，针对杂填土厚度，确定护筒长度。根据相关经验确定不同地层钻进参数、泥浆指标和配置方法，明确桩基施工和设备移动顺序。

增强钻机垂直导正能力，钻杆加装导正装置和垂直度监测设施。

（3）施工工艺确定

认真完成支护桩成桩试验，比选钻机、钻具，检验主控指标，选择功效、质量指标较好的工艺设备。根据试验结果，确定钻机设备，明确基坑开挖深度土层钻进施工参数、不同地层压力、转速以及泥浆配比等。本项目应特别重视③$_1$层砂层和④层卵石层的钻进工艺，严格配置并保证泥浆效果，避免开挖面上混凝土扩径。

2）支护桩成墙施工

基坑随工况下挖，需将支护桩内侧修建成地下室内墙形式。目前永久支护桩墙还存在两个弱点，一是支护桩之间有一定距离（图4-56），桩间土体或水泥土（帷幕）与桩身不一定平齐；二是支护桩墙尽管有截水帷幕，可能还会渗水，因此常规防水不可少，必须对永久支护进行成墙完善。

（1）整平

每一步开挖，需对桩体混凝土鼓胀或挖掘机磕碰进行整平，破除遗留凸起（图4-57）。

图4-56 桩墙立面

图4-57 钻轮整平

（2）补平

将常规支护桩墙喷射混凝土面板的钢筋网，改为土工格栅并优化工序，将大多一次喷射混凝土，改为两次。桩墙整平后，喷射找平层，经人工抹平，挂土工格栅，喷射第二层混凝土，再人工抹平。

本项目由于锚索位置原因，增加了衬墙，如图4-53所示。

（3）防水卷材施工

在整修后的内墙或衬墙上铺贴防水卷材，作为地下室构造外墙的外模，绑扎外墙钢筋，支设外墙内模，浇筑混凝土，完成永久支护即地下室外墙施工。

5. 反思和期待

支护与主体结构的集约化作用，成就了永久支护理念、理论和方法。本项目是永久支护结构的主动实现，从临时性到永久化是基坑支护的大的飞跃，是理念提升和根本变革，但相关各方理解程度有限，所以出现了锚杆位置、衬墙等临时辅助措施。随着思想认识的提升，相关装备、方法将会极大改善，施工效率也会大幅度提高。期待更多的同行主动选择永久支护结构，促进基坑工程的根本转变。

4.4 本章小结

基坑支护与地下主体结构的相互影响是地下结构群集约化作用的特例。基坑支护为地下结构提供安全施工空间，地下主体是基坑支护存在的前提，基坑支护与地下主体结构同属具体项目的地下工程系统。发现临时支护桩墙对地下结构的永久作用，建立了基于临时支护的永久支护结构，推进了基坑支护与主体结构结合技术的进步，阐释了"结构岩土化"设计方法及其局限，明确深基坑支护结构永久化的理念和方向，提出"岩土结构化"方法，构建了永久支护结构理论，完成永久支护结构工程实践。深基坑永久支护不仅是基坑工程变革的重要方向，也会引起基础结构理论相应变革。

参 考 文 献

[1] 住房和城乡建设部. 建筑基坑支护技术规程: JGJ 120—2012[S]. 北京: 中国建筑工业出版社, 2012.
[2] 住房和城乡建设部. 建筑地基基础设计规范: GB 50007—2011[S]. 北京: 中国建筑工业出版社, 2012.
[3] 李连祥, 刘兵, 成晓阳. 基坑支护桩永久存在对地下室外墙土压力分布的影响[J]. 山东大学学报（工学版）, 2017, 47(2): 30-38.
[4] 建设部. 人民防空地下室设计规范: GB 50038—2005[S]. 北京: 中国计划出版社, 2005.
[5] 赵艳秋, 丁荣龙, 鲍育明, 等. 采用桩基的建筑地下室底板及外墙的结构设计[J]. 建筑结构, 2010, 40(S1): 276-279.
[6] BRINKGREVE R B J. Selection of soil models and parameters for geotechnical engineering application [C]//Proceedings of Geo-frontier Conference. Texas, USA:Soil Proper Mies and Modeling Geo-Institute of ASCE, 2005: 69-98.
[7] 郑刚, 邓旭, 刘畅, 等. 不同围护结构变形模式对坑外深层土体位移场影响的对比分析[J]. 岩土工程学报, 2014, 36(2): 273-285.
[8] 郑张玉. 地下室侧墙板设计研究[D]. 武汉: 武汉理工大学, 2006.
[9] 赵国选. 高层建筑地下室外墙配筋的实用计算方法[J]. 建筑结构, 1999(7): 37-42.
[10] 袁正如. 地下室外墙结构设计中的问题探讨[J]. 地下空间与工程学报, 2010, 6(3): 548-551.
[11] 住房和城乡建设部. 混凝土结构设计规范: GB 50010—2010[S]. 北京: 中国建筑工业出版社, 2011.
[12] 王卫东, 王建华. 深基坑支护结构与主体结构相结合的设计、分析与实例[M]. 北京: 中国建筑工业出版社, 2007.
[13] 王卫东, 徐中华. 深基坑支护结构与主体结构相结合的设计与施工[J]. 岩土工程学报, 2010, 32(S1): 191-199.
[14] 王卫东, 沈健. 基坑围护排桩与地下室外墙相结合的"桩墙合一"的设计与分析[J]. 岩土工程学报, 2012. 34(S1): 303-308.
[15] 徐中华, 邓文龙, 王卫东. 支护与主体结构相结合的基坑工程技术实践[J]. 地下工程与空间学报, 2005, 1(4): 607-610.
[16] 上海市城乡建设和交通委员会. 上海市基坑工程技术规范: DG/TJ 08—61—2010[S]. 上海: 上海市建

筑建材业市场管理总站, 2010.

[17] 李连祥, 侯颖雪, 陈天宇, 等. 深基坑支护理念演进和设计方法改进剖析[J/OL]. 建筑结构. https://doi.org/10.19701/j.jzjg.20220137.

[18] 李连祥, 成晓阳, 刘兵. 复合地基支护结构永久性集约化设计分析[J]. 铁道科学与工程学报, 2018, 15(2): 1971-1979.

[19] 交通部. 港口工程混凝土结构设计规范: JTJ 267—1998 [S]. 北京: 人民交通出版社, 1999.

[20] 交通运输部. 水运工程混凝土结构设计规范: JTS 151—2011 [S]. 北京: 人民交通出版社, 2012.

[21] 陈天宇. 基坑主被动区群桩影响规律研究及设计理念提升思考[D]. 济南: 山东大学, 2019.

[22] 李连祥, 季相凯, 贾斌, 等. 一种支护与管廊结构一体化的体系及施工方法[P]. 中国专利: ZL 201821410803. 4, 2018-8-29.

[23] 王雷. 考虑支护结构作用的地下综合管廊力学模型研究[D]. 济南: 山东大学, 2021.

[24] 李连祥, 王雷, 赵永新, 等. 考虑支护结构作用的地下管廊真实受力模型[J]. 山东大学学报(工学版), 2021, 51(1): 60-68.

[25] 李连祥, 刘兵, 李先军. 支护桩与地下主体结构相结合的永久支护结构[J]. 建筑科学与工程学报, 2017, 34(2): 119-127.

[26] 李连祥, 符庆宏, 王兴政, 等. 地下室楼板与支护桩共同工作的永久支护体系的施工方法[P]. 中国专利: ZL 201510162771. 5, 2017-8-29.

[27] 王磊, 杨孟锋, 苏小卒. 考虑围护结构作用的地下室外墙设计[J]. 江西科学, 2010, 28(2): 229-230, 249.

[28] 张钦喜, 孙家乐, 刘柯. 深基坑锚拉支护体系变形控制设计理论与应用[J]. 岩土工程学报, 1999, 21(2): 161-165.

[29] 徐中华. 上海地区支护结构与主体地下结构相结合的深基坑变形性状研究[D]. 上海: 上海交通大学, 2007.

[30] 龚晓南, 高有潮. 深基坑工程施工设计手册[M]. 北京: 中国建筑工业出版社, 1998.

[31] HSIEHPG, OU C Y. Shape of Ground Surface Settlement Profiles Caused by Excavation [J]. Canadian Geotechnical Journal, 1998, 35(6): 1004-1007.

[32] 李连祥. 积极推进基坑工程变革——兼谈支护结构永久化与可回收 [EB/OL]. (2018-09-21) https://news. yantuchina.com/39312.html.

[33] 理念: https://baike.baidu.com/item/理念/1189315?fr=ge_ala

[34] 顶层设计: https://baike.baidu.com/item/顶层设计/600080?fr=ge_ala

[35] 住房城乡建设部关于印发《建筑工程五方责任主体项目负责人质量终身责任追究暂行办法》的通知（建质〔2014〕124 号）.

[36] 李连祥, 李胜群, 邢宏侠, 等. 深基坑岩土结构化永久支护理论与设计方法[J/OL]. 建筑结构. https://doi.org/10.19701/j.jzjg.20220133.

[37] 住房和城乡建设部. 建筑结构荷载规范 GB 50009—2012[S]. 北京: 中国建筑工业出版社, 2012.

[38] 住房和城乡建设部. 混凝土结构设计规范（2015 年版）: GB 50010—2010[S]. 北京: 中国建筑工业出版社, 2016.

[39] 住房和城乡建设部. 工业建筑防腐蚀设计规范: GB/T 50046—2018[S]. 北京: 中国计划出版社, 2019.

[40] 住房和城乡建设部. 建筑地基基础工程施工质量验收标准: GB 50202—2018[S]. 北京: 中国计划出版社, 2018.

第 5 章　深基坑工程变形控制

地下结构群环境深基坑变形控制不仅决定基坑工程成败，而且一旦失败将危及城市安全。基坑开挖导致周边土体应力改变是"因"，基坑、既有隧道、车站结构之间的相互作用是"果"，"因"导致的岩土位移是"桥"，形成基坑工程系统（图1-3），表现为"因""果""桥"的范围。既有结构与基坑支护的集约化作用，一方面减少了支护结构的侧压力，另一方面基坑开挖又给既有结构带来了安全风险，因此认清基坑工程变形机理，掌握地下水控制和基坑开挖的变形规律，对保证基坑成败甚至城市安全具有重要意义。

5.1　深基坑工程变形

郑刚将软土地区基坑工程全过程变形（图5-1）归纳为三类变形机制，即施工扰动、水位降低和开挖卸载，细分为6个阶段（表5-1），指出了现在的研究重点[1]。对于硬土地区，由于内支撑使用不多，尚未充分认识换撑回填过程对于周边环境的影响[2,3]，仅仅关注开挖和地下水位降低对于基坑环境带来的沉降[4-6]，而且停留在现有软件能力基础上，验算支挡式支护水平位移和地面沉降，以及敞开式地下水位降低的环境影响分析。因此，引导工程师全面认识和掌握基坑开挖和地下水位变化的基坑环境变形规律，并重视开挖和降水对变形的叠加影响，对基坑工程决策安全具有重要价值。

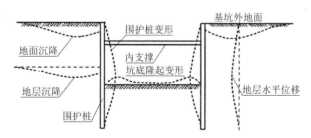

图 5-1　基坑支护结构及周边地层变形[1]

基坑工程全过程变形阶段及关注情况　　　　　　　　　表 5-1

施工阶段	软土地区[1]		硬土地区
	内容	现在研究重点	工程关注
1	支护结构施工		
2	基坑开挖前的预降水		
3	基坑分层设置内支撑并分层降水、开挖	√	√
4	基坑底以下的承压水抽水减压		
5	分层施工地下结构		
6	分层回填并拆除内支撑	√	

5.1.1 基坑围护结构施工变形

围护结构指围绕基坑边线通过冠梁的连接在一起的竖向挡土、挡水构件,上海称为"围护墙"[7],考虑悬臂桩一般也可称为支护结构,所以称为"围护结构"。主要有支护桩、地下连续墙,以及承担截水功能与围护结构相结合的截水帷幕,如高压旋喷桩、搅拌桩、等厚度水泥土地下连续墙(TRD、CSM)等。由于桩、墙、帷幕施工工艺不同、地质条件不同引起的地面沉降及其范围也不同。

目前,基坑工程变形控制不太注意围护结构的施工效应,监测标准[6]也没有强调施工过程的位移,但在软土或富水粉土等岩土条件下,相关施工常常带来明显环境变化,给工程进展带来严重困扰。因此了解并重视施工变形利于基坑周边环境的安全控制。

1.桩、墙施工变形

(1)地下连续墙

丁勇春[8,9]研究了软土地区地下连续墙的施工效应,指出成槽阶段土体水平应力释放,引起槽壁土体向槽内位移,变形超过土体变形极限会产生槽壁坍塌,进一步引起地表沉降;随地下连续墙混凝土浇筑将减小已有槽壁与土体变形。计算数据(图 5-2)显示槽段开挖结束最大沉降 0.71mm,混凝土浇筑沉降变为 0.45mm,最大沉降与槽壁垂直距离 4m 左右,影响范围约为平行槽壁方向 13m、垂直方向 15m。

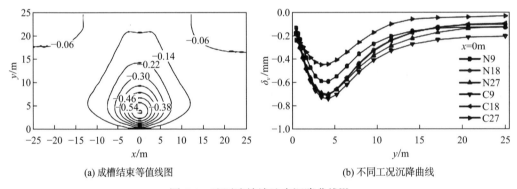

(a) 成槽结束等值线图　　　　(b) 不同工况沉降曲线

图 5-2　地下连续墙地表沉降曲线[9]

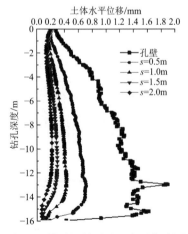

图 5-3　钻孔桩粉质黏土水平位移[10]

(2)钻孔灌注桩

成晓阳[10]通过监测和数值分析发现济南山前冲洪积平原地貌钻孔灌注桩施工效应,获得粉质黏土中钻孔灌注桩孔壁不同距离(s)处水平位移规律(图 5-3),明确桩孔影响范围约为 3.4 倍桩径(D)(图 5-4)。钻孔灌注桩施工影响范围随排桩数的增大而增大,影响范围约为 10 倍桩径。

丁勇春[8]基于上海工程案例分析了长度 6m、5 根灌注桩与 2 个槽段墙体方案的施工变形,钻孔灌注桩按 ϕ1000@1200 柱列式布设,根据抗弯刚度相等原则折算为 0.77m 厚墙体地表沉降曲线;地下连续墙厚度为 0.8m,证明排桩施工效应优于地下连续墙(图 5-5)。

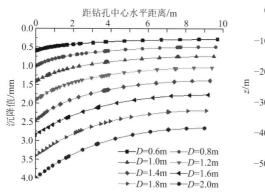

图 5-4　不同桩径孔壁周边沉降曲线[10]

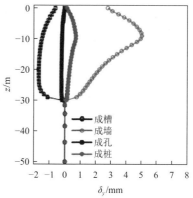

图 5-5　桩墙施工侧壁变形[9]

2. 截水帷幕施工变形

（1）旋喷桩

成晓阳[10]利用现场试验与数值分析相结合的方法研究了高压旋喷桩施工效应，发现距离旋喷桩中心不同距离深层土体位移规律（图 5-6），随距离增加深层土体位移逐渐缩小。浅层土体变形较大，随着深度增加，土体侧压力增大，土体受到的扰动减小。喷射压力 20MPa 下，旋喷桩施工过程周边土体位移等值线如图 5-7 所示，可知，旋喷桩最大影响范围发生在地表处，约为 2.7 倍桩径（桩径 0.6m）。

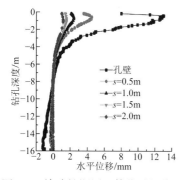

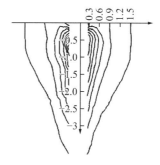

图 5-6　旋喷桩深层土体位移规律[10]　图 5-7　旋喷桩周边土体位移等值线图（单位：m）[10]

（2）三轴搅拌桩

近年来三轴搅拌桩工艺因其施工速度快，应用广泛，且出现五轴、六轴或更多轴的设备，主要用于地基加固和截水帷幕，另外 SMW 工法中 H 型钢回收和重复利用，也促进了搅拌桩工艺的发展。

在软土或冲积地层富水粉土中，三轴搅拌需关注周边环境及其施工影响。詹崇谦等[11]在苏州某项目地基加固过程中进行了测试，发现距离大面积加固区边缘 4m 处深层土体位移明显（图 5-8），施工引起邻近土体向施工区域变形。郑坚杰[12]测试了苏州典型地层单排三轴搅拌桩的影响范围约为 5m，证明掺入浆液的水灰比、提升与下沉速度、喷浆

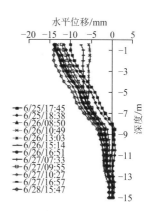

图 5-8　土体水平位移变化曲线[11]

压力、施工工艺参数等，均对周边土体变形产生影响。山东沿黄一带多是粉土且富水，许多工程是三轴搅拌桩施工，桩周围30m范围地面都有变形。许四法[13]针对基坑施工对邻近既有运营地铁隧道影响，进行了全过程变形监测和分析，发现三轴水泥搅拌桩施工引起隧道向基坑方向位移。因此，重视三轴搅拌桩施工效应，具体工程选择最佳工艺参数非常重要！

（3）等厚度水泥土搅拌墙[7]及其他工艺

等厚度水泥土搅拌墙包含两种工艺，一是等厚度水泥土地下连续墙（TRD），另一个是双轮铣深层搅拌（CSM）。前者通过链锯式刀具纵向和横向切削土体，使土体与水泥浆液充分搅拌混合形成等厚度墙体；后者利用两组铣轮竖向掘削土体、喷浆搅拌形成水泥土墙幅，并通过对相邻墙幅的铣削连接构成等厚度水泥土搅拌墙。王卫东[14]依托多项工程，开展了现场试验、测试和分析，发现TRD水泥土搅拌墙施工过程中对周边环境的影响总体较小，邻近地表最大沉降（图5-9）和土体侧向位移均小于10mm（图5-10），主要影响范围在10m之内。TRD水泥土搅拌墙施工引起的最大地表沉降量约为成墙深度的0.15%，并基于敏感环境的保护要求提出了控制墙体施工微变形影响的技术措施。

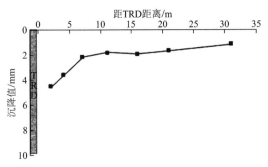

图5-9　TRD试验地表沉降曲线[14]

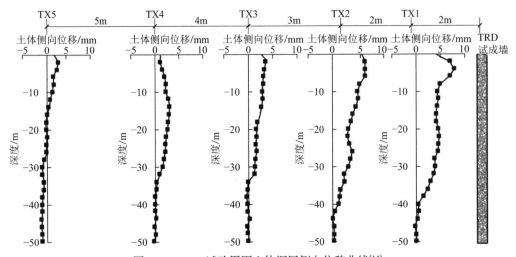

图5-10　TRD试验周围土体深层侧向位移曲线[14]

其他帷幕截水工艺主要包括全方位高压喷射法（RJP）、大直径高压喷射注浆法（MJS）、超高压喷射注浆法（N-JET）等，都属超高压喷射注浆技术，常用于深层土体加固或截水帷幕局部补强。常林越等[15]开展了施工效应研究，具体使用时应根据地质、环境等条件试验确定工艺参数，避免和重视施工变形对于基坑环境及其安全影响。

许四法[13]以杭州某地铁车站基坑工程为背景，基于TRD等厚度水泥土搅拌墙、三轴搅拌桩、地下连续墙和基坑开挖依次施工时运营隧道变形监测数据，总结不同施工阶段隧道变形模式，对既有隧道道床沉降、水平位移、隧道收敛3项监测，从围护结构开始施工

到基坑垫层浇筑完成获得全过程隧道变形占比
（图 5-11）：隧道水平位移在围护结构施工阶段增量最
为突出，占总水平位移量 43.81%；其次为基坑开挖阶
段，占总水平位移量 34.29%，这是由于基坑开挖时围
护结构已形成竖向屏障；隧道收敛量在基坑开挖阶段
增量最大，占总隧道收敛量 55.36%。从侧面证明了施
工效应及其对环境的重要影响。

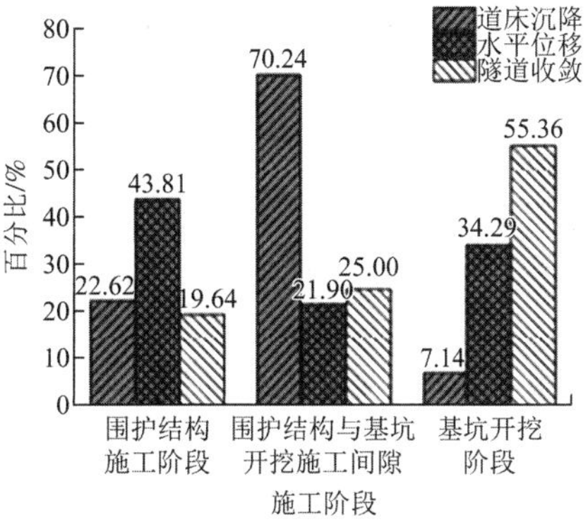

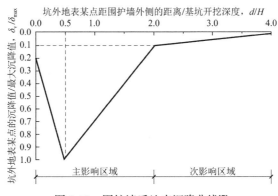

图 5-11　各施工阶段隧道变形占比[13]

5.1.2　基坑开挖的变形规律

1. 地面沉降

（1）软土基坑地面沉降曲线

图 1-18 和图 1-19 表明工程决策和理论研究在确定基坑沉降影响范围及其量值存在明
显差别。图 1-19 展示的郑刚的研究成果来自软土地区基坑，与上海地区规范规定[7]基本一
致（图 5-12）。

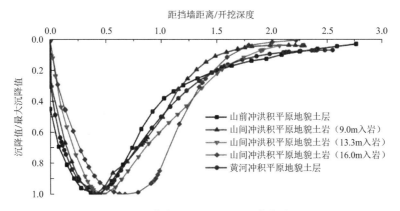

图 5-12　围护墙后地表沉降曲线[7]

（2）非软土地区基坑地面沉降曲线

济南属非软土区，刘嘉典[16]比较了冲洪积、山间、黄河冲积地貌单元土体和土岩双元
基坑地面沉降情况（图 5-13），结合上海及相关软土地区研究成果说明土体越软，基坑沉降
范围越大。

图 5-13　济南地层基坑地表沉降曲线[16]

（3）周边既有结构环境地面沉降

图 3-46 表明。复合地基实际是桩土的均质体，其复合抗剪强度比土体明显提高，沉降范围虽然因试验空间显示出 $1.2H_e$（开挖深度），但置换率增大最大沉降的主要影响区减少，也符合土体强度增加沉降范围减少的规律。图 3-47 表明复合地基沉降随置换率增大而减少，即周边存在既有结构地面沉降范围和量值都会缩小。

2. 支护结构变形模式

（1）桩撑支护影响

图 1-11 是龚晓南[17]提出的基坑支护结构 4 种变形模式，在此基础上郑刚[18]分析了不同围护结构变形模式的坑外深层土体位移场，指出即使围护结构最大水平位移相同，侧移分布模式不同，基坑外地表和深层土体的竖向及水平位移场均可存在较大差别，从而可能对环境产生不同程度的影响，图 1-2 揭示支护结构四种不同模式坑外不同深度土体沉降规律和范围，图 5-14 对比了不同围护结构变形模式下坑外地表变形。

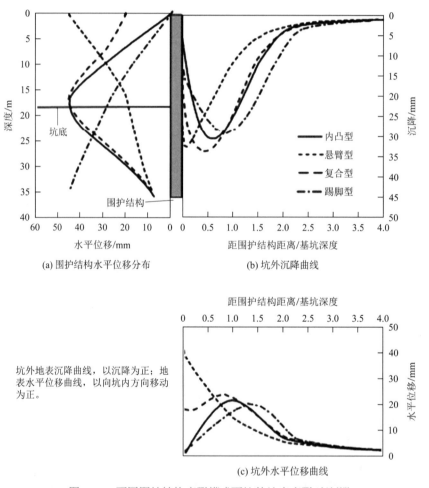

图 5-14　不同围护结构变形模式下坑外地表变形对比[18]

（2）桩锚支护桩身变形

深基坑桩锚支护第一道锚索设置在地面以下，支护桩上部悬臂，支护桩变形模式开挖后经悬臂转化为复合式，基本不会出现内凸模式[19]，如图 5-15 所示。

（3）地下结构影响的变形模式

张强[20]研究了平行地铁车站基坑已建车站对于新建基坑支护结构的遮拦作用。由图 5-16 可知，随着基坑与车站间水平距离 D 的增加，围护结构水平位移变化趋势存在差异。基坑深度 9m、$D \leqslant 15m$ 时 [图 5-16（a）]，随着基坑与车站间水平距离的增加，围护结构水平位移逐渐减小，车站遮拦作用逐渐增大；当基坑深度取 13m、21m，$15m \leqslant D \leqslant 80m$，车站遮拦作用则随基坑与车站间水平距离的增加而逐渐减小 [图 5-16（b）、（c）]。

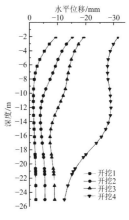

图 5-15　桩锚支护水平位移演变[19]

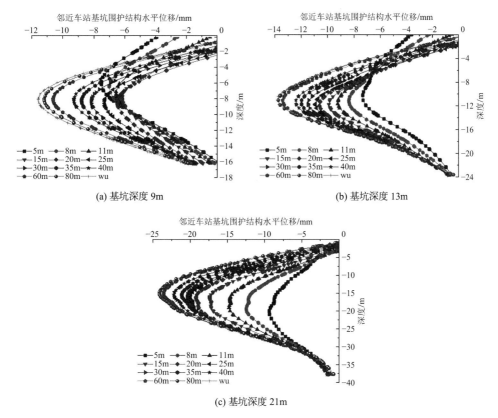

(a) 基坑深度 9m

(b) 基坑深度 13m

(c) 基坑深度 21m

图 5-16　既有车站对不同深度基坑的距离影响规律[20]

车站距离支护结构较近时（5m、8m、11m），较深基坑支护桩身位移呈复合式，随着距离增大逐渐发展为内凸式。对于深基坑，如开挖 21m 深度不管距离基坑远近，支护桩变形模式都呈内凸式，说明既有地下结构存在不仅有遮拦作用，而且距离基坑较近时影响较深基坑的变形模式。

5.1.3　地下水控制系统及其地面沉降

当地下水位较高时，降水是基坑工程重要内容，也是保障基坑干燥、保证地下结构顺利施工的关键措施之一。水位降低，有效应力增大，土体就要产生沉降，相应影响基坑既有环境安全，因此，必须预测地下水位下降产生的地面沉降。

现行行业技术标准[4,21]通过坑外水位曲线计算降水引起的地层变形，但只能预测潜水开敞式降水的水位曲线（图 5-17），即第一类地下水控制系统模型[22,23]不适合地下结构群环境的深基坑。为了控制因地下水位降低对周围已有设施带来安全隐患，地下结构群环境深基坑地下水控制必须采用全封闭截水帷幕。由于地质条件的复杂性，透水与隔水地层以及孔隙潜水相对基坑深度的不同位置，于是出现了第二类、第三类地下水控制模型[22,23]。但随基坑深度不断加大，原来不影响浅基坑的承压水可能对地铁特别是换乘车站基坑存在突涌影响，因此需修正当时提出的第二、三类降水模型提升为地下水控制系统，科学合理预测基坑整体及其周边环境的地下水位降低效应。

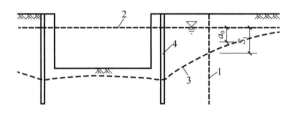

1—计算剖面；2—初始地下水位；3—降水后的水位；4—降水井

图 5-17 第一类地下水控制系统模型水位曲线[4]

1. 承压水与基坑减压

（1）承压水

充满于两个隔水层（弱透水层）之间的含水层中的水，叫作承压水。承压含水层上部的隔水层（弱透水层）称作隔水顶板，下部的隔水层（弱透水层）称作隔水底板。隔水顶底板之间的距离为承压含水层厚度（M），见图 5-18。

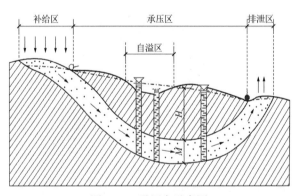

图 5-18 承压水示意图

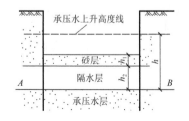

图 5-19 承压水坑底作用示意图[19]

（2）基坑减压

如图 5-19 所示，随着基坑深度的增加，基坑底板 AB 即隔水顶板上土层厚度越来越小，当隔水层厚度小于一定数值时，其自重不足以抵挡承压水水头时会产生突涌。因此，基坑底部土体厚度必须满足式(5-1)，否则应对基坑下部承压水进行降水减压。

$$\gamma_1 h_1 + \gamma_2 h_2 \geqslant \gamma_w h \tag{5-1}$$

式中：γ_1、γ_2——砂层、隔水层的重度；

　　　h——承压水头高度。

2. 第二类地下水控制系统——全封闭落地帷幕地下水控制系统（图 5-20）

本质特征为基坑开挖深度存在隔水层，截水帷幕插入隔水层形成全封闭围合形式。

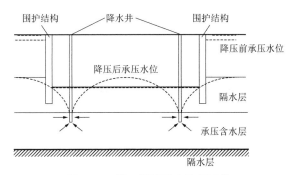

图 5-20　第二类地下水控制系统

（1）孔隙潜水无影响

当坑底以下没有承压水，或坑底至承压水顶板土重满足式(5-1)，基坑不受承压水影响，地下水控制只针对孔隙潜水。

由于帷幕进入隔水地层，截断了坑内、外地下水的联系，认为坑外潜水水位不变化，地下水控制不影响坑外地面及环境变形。

（2）承压水可能有影响

当承压水上覆土重不满足式(5-1)，需要为承压水减压，此时基坑犹如"船体"，周边环境及基坑安全变形需考虑承压水头降低带来的三个效应：其一，引起的地面沉降；其二，对既有地下结构安全的影响；其三，主体基础施工加载过程对基坑整体减压的叠加效应。

3. 第三类地下水控制系统——全封闭悬挂帷幕地下水控制系统（图 5-21）

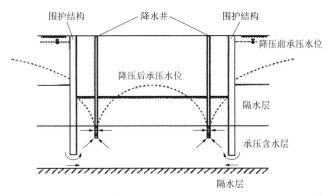

图 5-21　第三类地下水控制系统

（1）孔隙潜水的影响

坑内降水存在绕流，地下水通过帷幕底部流入基坑，增加基坑涌水量，坑外变形控制出现新变化：一是地下水位下降，土体压缩；二是坑外土体的渗流固结；三是周边环境和既有地下结构将受到水位下降与渗流影响。

此时，根据"按需控水"原则，悬挂帷幕存在最佳深度[24,25]。最佳帷幕深度指施工期内满足关键环境变形控制目标的最小帷幕深度。其实地下水位降低仅是基坑环境变形的一个方面，变形控制应包含基坑工程整体即施工、控水、开挖全过程。帷幕目的为截水，但帷幕出现改变坑外渗流场，影响坑外孔隙水和有效应力分布，进而改变围护结构土压力，总之最佳帷幕深度还要与支护结构、开挖工况、关键环境变形相协调。但目前国内标准和设计水平均未能从系统高度预测和计算变形。此处最佳帷幕深度仅针对基坑孔隙潜水降低的环境变形控制。

（2）承压水影响

坑底承压水存在突涌隐患，在孔隙潜水影响下的地面变形还要叠加承压水头降低带来的地面沉降。

综上，地下结构群深基坑降水产生的地面沉降应着眼地下水控制系统，综合考虑承压水减压、孔隙潜水绕流及其叠加影响。

5.2　地下水控制系统变形分析

目前，国内地下水控制变形方法仅停留在降水行为。工程实践特别是地下结构群深基坑地下水控制与基坑围护结构相融合，基坑截水帷幕与围护桩墙合二为一，但缺少开挖与水控的变形组成分析与经验分享，较全面地采用了数值分析，因此有必要引导工程师把握概念和机理。

5.2.1　承压水位下降引起的地面变形

国内规范尚未涉及承压水减压带来的地面变形预测方法，但多位专家针对不同地质条件提出了解决之道。

1. 深厚弱透水层下卧承压层的地面沉降

骆冠勇等[26]针对深厚弱透水层下卧强透水承压层的地质条件，推导了下卧承压水层减压引起的土中应力变化及周围地表沉降的计算方法：

$$S = \int_0^H \frac{\Delta \sigma'}{E_s} \tag{5-2}$$

式中：S——减压沉降值；

　　H——弱透水层厚度；

　　$\Delta\sigma'$——有效应力增加值；

　　E_s——土的压缩模量。

按照一维竖向固结理论，推导了减压引起的沉降固结度计算公式，证明承压层下卧弱透水层排水减压固结度可按常规的双向排水固结预测。

2. 完全隔水顶板无限承压含水层完整井减压地面沉降

龚晓南等[27]针对顶板完全隔水的承压水层，运用完整井理论提出了反映承压水降压作用的附加应力（图 5-22）分布公式：

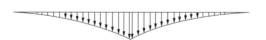

图 5-22　减压产生的附加应力（f）[27]

$$f = \gamma_w \frac{Q}{2\pi T} \ln \frac{R}{r} \quad (r_w \leqslant r \leqslant R) \tag{5-3}$$

式中：Q——抽水井流量；

　　R——影响半径；

　　r——计算点至抽水井轴线的径向距离；

　　γ_w——井径；

　　T——承压含水层导水系数，等于渗透系数和含水层厚度的乘积，$T = kM$。

利用 Mindlin 解，推导出了承压水降压附加分布力作用下的地面沉降公式：

$$S_0 = \gamma_w \frac{(1+\upsilon)Q}{2\pi ET} \int_0^R \ln \frac{R}{r} \left[\frac{2(1-\upsilon)}{(r^2+h^2)^{1/2}} + \frac{h^2}{(r^2+h^2)^{3/2}} \right] r \, dr \tag{5-4}$$

式中：S_0——f作用下地面处中心点的沉降量；

　　h——作用点的深度；

　　υ——土的泊松比；

　　E——上覆土层弹性模量。

3. 基于层内压缩的修正分层总和法

王建秀等[28]利用多点位移计，高精度监测了上海某地铁车站周围地面沉降规律，阐释了高、低渗透压缩性地层组合，深源减压上覆土层逆回弹，深源固结变形协调，渐进边界机制的综合作用形成的上海软土地区承压水减压降水的沉降发生机理，定义了单点沉降与层内压缩的区别，提出了基于层内压缩的修正分层总和法：

$$S = S_0 + S_u = S_0 + \sum_{i=1}^m S_i \tag{5-5}$$

式中：S——降水引起的地面总附加沉降量（m）；

　　S_0——减压目标含水层的层内压缩量（m）；

　　S_u——减压目标含水层上覆地层总沉降量（m）；

　　S_i——第i计算土层的附加沉降量（m）；

　　m——参加沉降计算的上覆土层数。

4. 无限承压含水层非稳定降水沉降解析解

王春波[29]通过将减压降水的有效应力增加代之以等效附加荷载（图 5-23），以弹性半无限空间 Mindlin 位移解为基础，推导了无限承压含水层非稳定渗流引起土层沉降的解析解，揭示了承压含水层降水土层沉降的时空分布规律，明确无限承压含水层非稳定降水渗流引起的地表沉降随时间变化显著。随着降水时间的增加，土层沉降增大，承压含水层减压降水沉降最大值出现在承压含水层顶板处，并且越接近地表，土层沉降值越小。当承压含水层埋深大于一定值时，降承压水引起的地表沉降可以忽略不计。

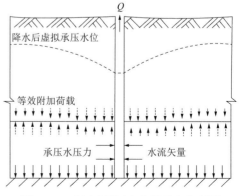

图 5-23　减压后承压含水层受力状态[29]

上述成果从不同条件研究了承压水减压带来的地面沉降，要结合具体项目的工程与水文地质条件针对性评估减压对坑外地层可能变形的影响。

5.2.2 悬挂帷幕及其影响

深基坑地下水控制是将坑内地下水位逐步控制到基底以下，施工过程降水伴随地下水渗流场持续改变，引起土层沉降。由于岩土条件的复杂性，地下水控制系统悬挂帷幕更常见。和落地帷幕相比，悬挂帷幕使得坑内外存在渗流，地下水位下降和渗流都将影响变形。就像地下结构群深基坑决策难有解析解一样，只有数值分析才能把握地下水控制系统整体行为变化。

1.单井降水土层沉降机理

（1）降水水位变化分区

吴意谦[30]依托兰州某地铁车站基坑，详细分析了孔隙潜水降低引起地面沉降因素和机理，揭示有效应力增加、非饱和带基质吸力影响和地下水渗流等综合作用导致的地面变形，明确深基坑群井效应对地面沉降影响有限，渗流力是导致土层变形的根本诱因，并提出地面总沉降量S是三个区域土层的沉降S_0、S_1、S_2之和：

$$S = S_0 + S_1 + S_2 \tag{5-6}$$

式中，S_0、S_1、S_2为对应干土区、疏干区和饱和区部分的沉降，如图 5-24 所示。由于干土区域不受地下水位变化影响，认为$S_0 = 0$。

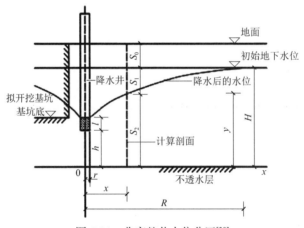

图 5-24 非完整井水位分区[30]

疏干区在降水过程中水位是动态下降的，应按"层内压缩"计算，饱和区土层始终饱和，所受压力取决于降水后稳定漏斗曲面高度y。所以，

$$S = S_1 + S_2 \tag{5-7}$$

（2）降水非饱和带影响（图 5-25）

自降水开始，疏干区土体自上而下逐渐转化为非饱和土，基质吸力影响有效应力增量，因此S_1经非饱和土修正为式(5-8)，S_2不变。

$$S_1 = \sum \frac{[\gamma_w \cdot z + (1-\chi)s]}{E_i} H_i \tag{5-8}$$

式中：χ——非饱和土有效应力参数；

s——非饱和土基质吸力，可根据文献[28,29]方法取值；

H_i——疏干区土体分层总和法的层厚。

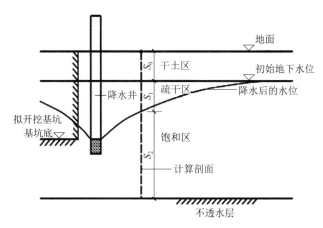

图 5-25　降水非饱和带示意[30]

（3）渗流影响

如图 5-26 所示，当井的结构和孔隙潜水渗流场确定，土体单元受渗流力作用，疏干区 S_1 和饱和区 S_2 作相应调整。

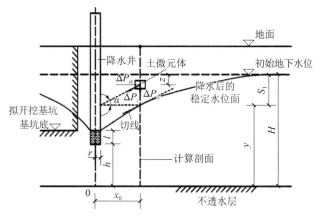

(a) 降水后疏干区附加应力

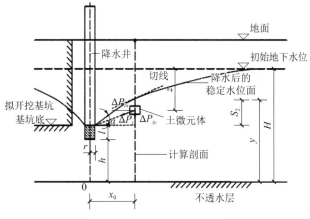

(b) 降水后饱和区土层附加应力

图 5-26　降水后疏干区和饱和区附加应力分析[30]

$$S_1 = \sum \frac{[\gamma_w \cdot z + (1-\chi)s] \sin \alpha}{E_i} H_i \tag{5-9}$$

$$S_2 = \sum \frac{[\gamma_w(H-y)] \sin \alpha}{E_i} H_i \tag{5-10}$$

式中：H——含水层厚度（m）；

α——渗流方向与水平面的夹角（°）。

以上分析基于单井、完全土体、稳定渗流条件，解释地下水位降低对于土体的影响，对于理解悬挂帷幕、"基坑大井"方法亦有帮助。

2. 最佳悬挂帷幕深度及其渗流沉降

（1）最佳帷幕深度

图 2-6、图 2-7 分别给出一定降水周期不同帷幕深度、一定帷幕深度不同降水周期地下水位曲线，根据项目建设降水周期 240d 和地下水位曲线，以满足高铁路基"零沉降"为目标确定了最佳帷幕深度 24m[24,25]。因此，以控制地下结构群关键环境安全变形为目标，全封闭悬挂帷幕存在最佳深度，基坑设计应通过方案比选确定。

（2）悬挂帷幕地面沉降

图 2-7 显示了 24m 最佳帷幕深度降水 240d 的坑外水位曲线，由此可得到式(5-9)、式(5-10)相关参数，从而完成 S_1、S_2，再根据式(5-7)可以得到坑外悬挂帷幕条件孔隙水绕流渗流沉降。

鲁芬婷[23]考虑悬挂帷幕对于坑外渗流场的影响，根据坑外水位修正了规范建议的影响半径（图 5-27），得到：

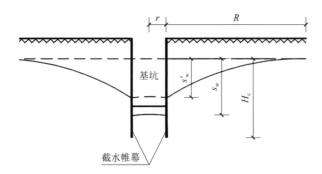

图 5-27　悬挂帷幕基坑降水示意[23]

s_w—坑内目标水位降深（m）；H_c—悬挂帷幕进入静止水位以下的深度（m）。

$$\text{潜水：} R = 2s_w' \sqrt{kH} \tag{5-11}$$

$$\text{承压水：} R = 10s_w' \sqrt{k} \tag{5-12}$$

式中，R 为悬挂帷幕外侧的水位降深 s_w' 对应的影响半径；s_w' 为悬挂帷幕外边侧的水位降深（m）。

利用数值分析方法，获得最佳帷幕深度的坑外水位降深，从而获得地下渗流场，从而利用式(5-9)、式(5-10)估计悬挂帷幕孔隙潜水地面沉降。

3. 地下水控制数值分析

在基坑渗流场，悬挂截水帷幕与既有地下结构一样，将改变土中渗流方向。已有案例最佳帷幕深度[23,24]与坑外渗流地下水位曲线[25]均为数值分析结果。图 5-28 是陈志伟[31]建立的基坑降水的渗流场与隧道附近的总水头等值线图，可见地下结构群环境深基坑降水地面沉降需要三维整体设计法一样的数值分析。

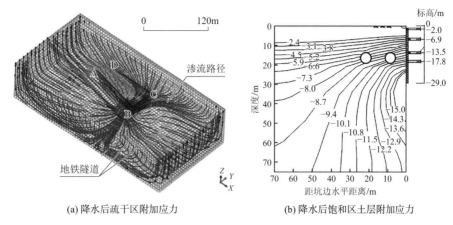

(a) 降水后疏干区附加应力　　　　(b) 降水后饱和区土层附加应力

图 5-28　基坑与地铁隧道渗流场数值分析[31]

（1）水文地质勘察

现场水文地质勘察多采用抽水试验，主要目的是获得相关地层涌水量、渗透系数、沉降经验系数等，为预测地下水控制系统环境影响提供真实依据。

蓝鞞[32]以上海某航站楼深基坑工程为背景，进行了现场抽水试验（图 5-29），结合场地工程地质和水文地质条件，比选 4 种不同的井结构，针对承压含水层群井抽水过程水位变化及地表沉降进行分析，探究承压水水位降深对地层压缩及地表沉降的影响规律、抽水过程中承压水水位变化及地表沉降之间的关系，获得了 $⑤_1$、⑦、⑨土层的分层压缩量和沉降修正系数。

（2）参数反演

勘察方案须与工程使用紧密结合，比如井的结构、抽水速度等应努力接近工程实际。当获得的结论在工程应用时，应根据反演获得真实而非勘察提供的参数，并通过方案数值试验分析比选。

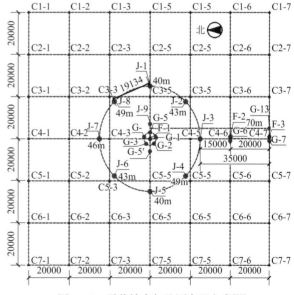

图 5-29　群井抽水与监测布置方案[32]

郑刚等[33]针对天津站综合枢纽工程开展了：①地下连续墙未施工场地内潜水层和 3 个承压含水层的分层单井抽水试验；②第二承压含水层减压井群抽水试验；③地下连续墙施工后潜水层和第一组承压含水层抽水试验。经数值反演，确定了天津站地下含水层的渗透系数和弹性释水系数，提出了天津市各水层水文地质参数取值范围。

周念清等[34]以上海地铁 11 号线徐家汇站［图 5-30（a）］为例，根据场地工程和水文地质条件、车站围护结构设计深度和开挖工况，建立地下水渗流数值模型，通过抽水试验反求水文地质参数，结合场地初始条件和边界条件，采用三维有限差分法较好预测基坑周边因水位下降产生的地面沉降［图 5-30（b）］。

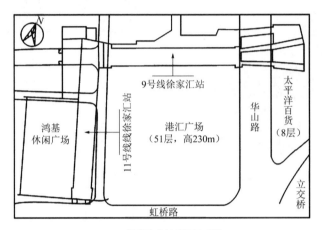

(a) 11 号线徐家汇地铁站环境

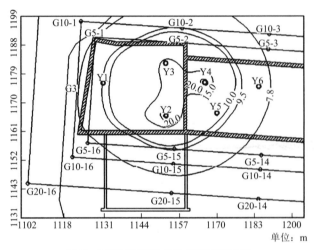

(b) 11、9 号线共用端头井降水沉降等值线图

图 5-30　徐家汇车站基坑复杂环境与降水沉降数值分析[34]

5.3　深基坑工程系统变形与控制

前文绪论中定义了深基坑工程系统，明确了基坑、较深基坑和深基坑的界限，强调了中心城市地下结构群环境深基坑对于城市建设安全的重要影响，因此，建立深基坑工程系统变形与主动控制方法对于基坑工程高质量发展具有导向价值。

5.3.1　深基坑变形控制范围

1.深基坑工程系统范围

基坑地质条件、支护结构、地下水控制与周围环境不同，基坑工程系统不同。掌握深基坑工程系统，明确基坑工程影响范围，并做好系统内既有设施的全面安全控制是基坑工程首要任务。

（1）定义

基坑工程实施导致基坑外部产生变形（值）的三维空间，称为基坑工程系统范围。深基坑工程系统的根本标志是范围，包括平面范围和深度（竖向）范围。范围大小与变形控制量值相关。变形控制值大，系统范围就小；反之就大。

（2）范围表现

深基坑系统范围可通过地表沉降等值线表达。图 5-31 是王卫东等[35]分析上海路发广场深基坑地下水控制方案的地表沉降等值线图，它以 2mm 沉降为控制值，该圆边界围合面积则是该项目基坑降水沉降 2mm 的系统范围。图 5-32 是周念清等[34]计算的上海 11 号线徐家汇站南端头井降水地表沉降等直线图，最外围边界为沉降 4mm 范围。章红兵等[36]研究发现基坑坑外地表沉降呈一组同心等值线，并且相邻等值线在基坑对角线延长线上发生"干涉"，如图 5-33 所示。上述已有研究，表明基坑开挖对周围一定范围内的土体产生影响，同时，正是该范围内土体位移产生荷载作用于支护结构。

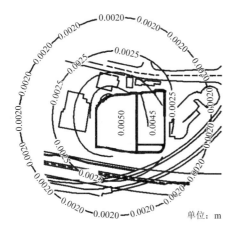

图 5-31　地下水控制地表沉降等值线图[35]

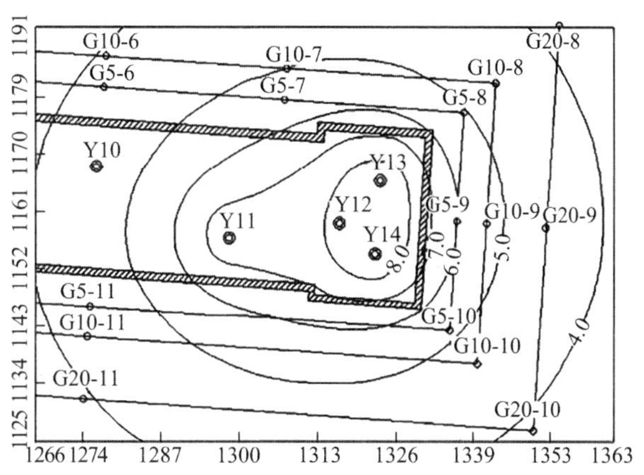

图 5-32　南端头井地表沉降等值线图[34]

2. 深基坑工程系统范围确定

1）确定标准

基于对隧道及市政管线的变形控制研究，以及对我国不同用途、管材的市政管线的监测、施工、验收标准等[37,38]，本书建议 10mm 的竖向沉降为基坑工程系统的控制标准，则基坑开挖造成周围地表土体沉降达到 10mm 的边界定为基坑工程系统平面范围，如图 5-33 最外侧实线；坑底下部土体隆起 10mm 的深度为竖向范围（图 5-34）。

实际上述"10mm"控制标准是相对而言，基于变形控制理念，地下结构群环境深基坑工程系统范围应该以最敏感地下结构安全变形为控制依据，如图 5-35 所示，最敏感

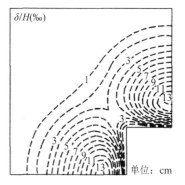

图 5-33　坑外地表沉降等值线图[36]

地下结构选择了管廊，有可能是基坑周边的车站、管线、桩基等地下结构群之一，以它临界变形值对应的基坑周边三维空间就是该系统范围，此时范围边界最小地面沉降值就不一定是 10mm。

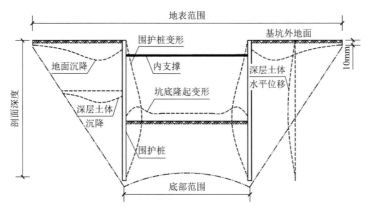

图 5-34　深基坑工程系统范围确定示意

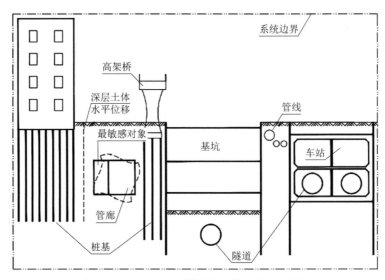

图 5-35　基坑工程系统最敏感结构变形示意

2）确定方法

地下结构群环境因结构、刚度、功能各异，远远超越均质岩土体等常规介质，深基坑工程系统范围确定只能通过数值分析，主要包含以下步骤：

（1）初步分析

建立深基坑系统数值模型，模型空间尺寸$[(3\sim4)H]^2 \cdot [(2\sim3)H]$（$H$为基坑开挖深度）[19]，合理选取既有结构、岩土体和支护结构单元，明确岩土本构关系，按照既定施工和监测计划，进行全过程基坑与地下结构施工模拟，获得各阶段、关键部位变形值。

（2）检测与评价

对深基坑系统范围内的既有结构现状进行检测，现有变形与初步数值分析结果叠加，比照既有功能进行评价，判断变形控制关键区域[1]即最敏感结构及其再变形安全值。

（3）确定深基坑工程系统（范围）

优化支护结构及开挖工况，保证最敏感结构在已有现状基础上的再变形值不影响既有结构功能正常发挥，此时从数值模型云图可以查找和确定地面沉降10mm和基坑下部隆起10mm的范围。

3）工程示例

（1）平面范围

借用第 2.3.3 节基坑群案例，以基坑周边 10mm 沉降定义基坑工程系统，B1 基坑、B1＋B2 基坑、B1＋B2＋A2 基坑工程系统平面变化规律见图 5-36。表明不同基坑具有不同系统，系统内既有地下结构与基坑支护相互作用、共同工作，B2、A2 基坑已施工地连墙影响 B1 基坑周边沉降［图 5-36（a）］，B1 邻近 B2、A2 基坑处地面沉降与 B1 的其他周边沉降规律不同；B2 基坑开挖时，叠加 B1 基坑开挖过程效应，B2、B1 间地面沉降明显加大，因基坑支护结构存在，A2 基坑侧沉降范围和数值减少［图 5-36（b）］；A2 基坑最后开挖，基坑系统沉降范围进一步改变，B2、B1 间地面沉降向 A2 偏移。

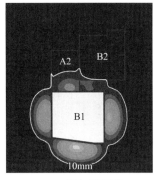 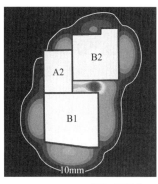

(a) B1 基坑工程系统　　　　(b) B1＋B2 基坑工程系统　　　　(c) B1＋B2＋A2 基坑工程系统

图 5-36　深基坑工程（群）系统地面范围变化及确定

（2）深度界限

基坑系统表现为空间范围，图 5-36 展现了基坑开挖影响的平面区域。以隆起 10mm 的坑底以下深度为边界，获得基坑群开挖过程的深度影响范围。如图 5-37 为 B1 基坑中部 PQ 连线坑底下土体隆起 10mm 深度曲线，也随不同基坑开挖而改变。由于通过分步加载的方式模拟主体结构施工，B1 基坑底板所受上部荷载逐步加大，导致 B1 隆起区范围呈减小趋势。

由图 5-36、图 5-37 可分别确定 B1、B1＋B2、B1＋B2＋A2 三个基坑（群）开挖过程的基坑工程系统空间范围。

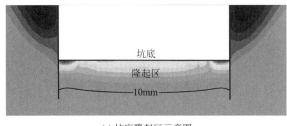 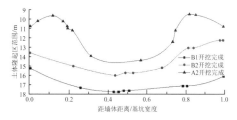

(a) 坑底隆起区示意图　　　　(b) B1 坑底下部隆起 10mm 深度曲线

图 5-37　深基坑工程（群）系统深度范围变化及确定

5.3.2　深基坑工程系统安全

明确地下结构群环境深基坑工程系统，掌握基坑施工影响范围，做到底数清、方向明，有效保证基坑与既有结构整体安全。

1. 心中有全局

目前国家、行业、地方标准未能明确基坑影响及其控制、保护范围[4-7]，具体工程操作存在随意、盲目倾向，基坑环境安全控制标准仍以经验为主，而经验又以新建工程具体指标为参考[5]，使得基坑设计忽略既有结构的已有变形。虽然强调"信息化施工，动态设计"原则，但基坑监测的数据基本未与设计工况反馈，设计、施工、监测各自独立作业，没有形成实际监测与设计比较的联动机制。

深基坑工程系统明确了基坑周边既有地下结构应力、位移情况，使得工程责任主体对基坑（支护结构）、影响范围、保护对象等"一目了然"，既清楚支护结构施工内容、工艺、过程与具体变形，又掌握周围环境、不同结构工作性状及其受开挖影响的工况位移规律，掌握基坑开挖对支护结构与既有环境影响的全局，基坑工程系统始终处于受控状态。

2. 控制关键

获得和明确基坑工程系统，需要构建数值模型模拟基坑施工全过程。保证系统安全，必须以查清系统内既有地下结构工作性状及其安全变形余量为前提。在系统中确定既有结构最敏感部位和构件，保证其处于安全变形且发挥正常功能，就是控制系统关键，关键安全、系统安全、基坑安全、城市安全。

5.3.3　深基坑工程系统安全主动变形控制方法

1. 数值模拟能力和水平的局限性

（1）数值模拟以基坑开挖为主

基坑工程变形虽然包含桩墙施工、地下水控制和开挖三个阶段，但现阶段主要是开挖工程的数值分析，因此在大量研究和工程实践基础上总结形成了"深基坑三维整体设计法"。开挖阶段模拟一般忽略降水过程和影响[1,8,19,39]，基本从"生成初始地应力场，激活围护结构的板单元"[1,18,39]开始，无法包含桩墙施工变形与降水影响。

（2）忽略施工变形

目前，业内不够重视施工阶段变形，相关研究、测试、模拟较少。丁勇春[9]、李姝婷[40]结合现场测试，模拟了地下连续墙成槽、浇灌全过程施工引起的土体变形，明确地下连续墙施工期间，土体水平位移占整个施工期间的水平位移的27.82%～76.68%，平均为57.49%，即地下连续墙施工引起的土体水平位移占到了基坑施工总区间的一半以上[1,40]。成晓阳[10]将实测与数值分析相结合，研究了钻孔灌注桩和高压旋喷桩的施工变形。大多工程从开挖开始，没有也无法将施工变形计入基坑施工全过程。

（3）降水预测脱离实际

基坑施工，降水与开挖紧密关联，降水—开挖—降水—开挖……本是整体，但相关研究模拟整体又区别降水、开挖各自效应的并不多。现在深基坑特别是结构群环境深基坑地下水控制与支护结构已经紧密地结合在一起，比如地下连续墙，是挡土与截水兼具；高压旋喷、三轴搅拌、TRD、CSM等截水帷幕基本与支护桩结合或外围合[34,35]。这样，地下水控制与支护结构就是整体。但现行技术规范[4,5,7]也未将降水与开挖的变形作为整体控制予以规定和要求，好像基坑地下水控制与支护体系两个子系统独立。因此，现行规范和设计计算明显脱离工程实际。

土质环境下，施成华等[41]考虑基坑降水与渗流的综合作用得到地表沉降计算公式，再利用叠加原理，最终获得基坑开挖和降水引起的地表沉降，实例表明距基坑周边 1 倍开挖深度范围以内，基坑开挖和降水引起的地表沉降基本相当，而距坑周 2 倍开挖深度外的地表下沉主要由降水引起，如图 5-38 所示。王涛等[42]针对国内主流的基坑支护结构设计软件的沉降计算功能模块只考虑土体、未考虑降水产生沉降的现状，基于南京某地铁站基坑提出了开挖及降水二者联动的地表沉降预测模型，结果得到监测验证（图 5-39）。何绍衡等[25]基于济南某深基坑工程，开展了地下水渗流对悬挂式截水帷幕基坑变形影响的研究，证明降水和开挖的不同作用，如图 5-40 所示，渗流与基坑开挖支护具有明显的耦合效应，开挖前预降水引起桩顶悬臂侧移不容忽视，证明悬挂帷幕下渗流与预降水作用[1,28]。因此期待基坑施工影响全过程数值模拟成果的涌现，对于周边地下结构群与城市安全意义重大。

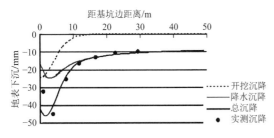

图 5-38　地表下沉计算值与实测值比较[41]

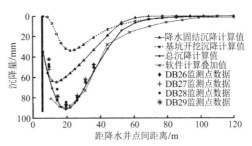

图 5-39　地表沉降数值计算与监测对比[42]

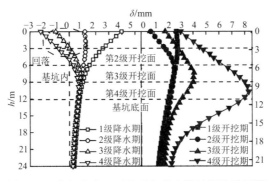

图 5-40　分级降水、开挖引起的支护桩侧移增量[25]

2. 岩土工程师的结构专业能力

工程建设目的是获得主体功能。因此，就岩土工程与结构工程专业分工来说，结构是主体，岩土是服务。基坑工程作为岩土工程专业的任务，应该以其服务于主体目标的水平判断优劣，而服务水平取决于岩土工程师对主体结构的领悟能力，即熟悉和掌握基坑效应，比如施工、降水、开挖变形对结构既有功能的影响，从而减弱或避免这种影响。

1）水位降低对桩基的影响

吴意谦[30]研究了孔隙水位降低对既有桩基的影响，提出桩基降水前后受力模型（图 5-41），强调基坑邻近既有桩基应考虑因降水在桩身上部出现的负摩阻，建议了考虑桩端压密变形的单桩桩顶总沉降量修正计算方法［式(5-13)］。工程实例（图 5-42）分析表明，A 点沉降量 1.75mm，B 点沉降量 0.75mm。

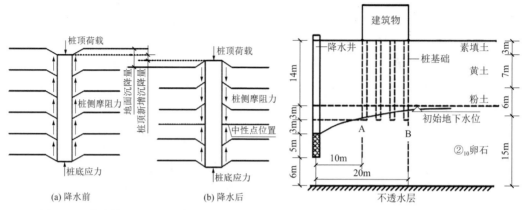

图 5-41 降水前后桩基受力模型对比[30]　　　图 5-42 降水对桩基影响分析[30]

$$S_p = S_s + S_b + S_w \tag{5-13}$$

式中：S_p——单桩桩顶总沉降量（m）；

　　　S_s——桩身混凝土自身的弹塑性压缩量（m）；

　　　S_b——桩顶荷载作用下桩底以下土体所产生的桩端压缩沉降量（m）；

　　　S_w——降水引起的桩底以下桩土共同的失水压密沉降量。

2）基坑坑底承压水突涌讨论

强调岩土工程师的结构专业能力，在于以结构的观点处理岩土工程问题。因此，以承压水坑底突涌及其控制（图 5-20、图 5-21，第二、三类地下水控制系统）分析结构思维的延伸和提升。

（1）初步判断：式(5-1)不成立，突涌可能发生，这是现行标准采用的压力平衡法[4,5]。

（2）考虑土体强度作用：规范方法简单，容易理解，但忽视了基坑性状尺寸效应和土体强度影响。马石城等[43]利用材料力学或弹性力学的相关理论，考虑土体抗剪强度，建立的隔水层临界厚度的计算公式改进了规范法计算精度。

（3）计入空间效应：对深度较大的小型面积或较窄的市政、地铁条形基坑，由于围护结构较深的插入，需考虑支护壁的摩擦力[44]。孙玉永进行了不同隔水层性质、不同坑内桩基类型以及平面布置的多组离心模型试验，总结提出了基坑突涌的 3 种模式，即整体顶升破坏、表面砂沸破坏和接触面涌水、涌砂破坏。进一步的数值分析得到基坑下部承压水压力作用下，坑内隔水层表面一定深度土体内会出现拉应力，且其分布范围与基坑宽度有关[45]（图 5-43）。因此，当基坑面积较大，有可能在基坑中部出现隔水土层开裂。

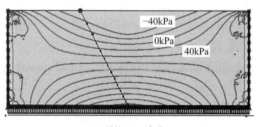

(a) 基坑 10m 宽度

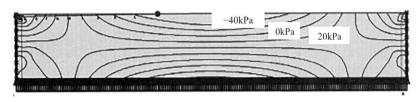

(b) 基坑 30m 宽度

图 5-43　隔水底板不同尺度水平应力比较[45]

（4）加入地下结构约束：由于水位较高，比如地铁车站基坑、大剧院台仓基坑等一般设有抗浮桩，此时基坑发生整体顶升破坏不仅要克服上覆土重及四周抗剪力，还要克服坑内桩基的"抗拔力"[45]。

（5）预防基坑坑底承压水突涌讨论

图 5-44 是济南某地铁车站基坑预防承压水突涌力学模型，因挖土卸载，坑底承压水有突涌风险，如下方案都可控制承压水突涌，如何选择供同行思考。

①截、降、灌一体化方案——全封闭悬挂截水帷幕，坑内减压井，坑外回灌。方案包含如下内容：a. 根据周边建筑物安全变形，确定截水帷幕最佳深度；b. 根据最佳帷幕分析孔隙潜水降低引起的地面沉降，包含有效应力和渗流的叠加变形；c. 减压设计，明确降低的水头差与剩下的水头差；d. 考虑整体顶升破坏模式

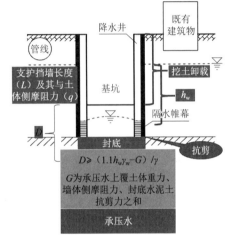

图 5-44　地铁车站基坑承压水模型

下，保证围护结构与土体摩阻力加坑底隔水层及上覆土层体重力（G）大于剩余水头压力。

基坑封底，需要考虑如下内容：①在哪个高程封底？涉及截水帷幕深度、工艺和效果；②怎么封底？涉及不同深度土层的具体施工工艺，封底位置浅，帷幕深度小，宜实施，截水效果好，工程经济；反之工艺难度大，截水效果差，帷幕深度大，投资较多；③封底截面形式，与围护结构、截水帷幕的连接及抗剪分析等。所以，需要深入对比，才能获得优秀决策。

以上，尽管都是力学问题，但反映岩土的结构能力。基坑工程是综合载体，初心是保护环境安全，因此应从项目实际出发，综合选取针对性、适用性方案。

3. 基坑变形的主动控制方法

1）掌握不同支护结构变形模式的坑外位移场

根据郑刚等[18]研究成果，如图 2-36 所示，改变支护结构，有效调整坑外土体变形分布规律，实现了对地下管线的主动保护。为保证地下结构群基坑施工安全，提升城市深基坑工程决策水平，应采用主动控制变形方法，保证基坑系统安全。

2）熟悉地下结构工作机理

清楚发挥结构功能的途径，就会迅速掌握基坑变形对周边既有结构的影响，从而采取明确措施，制定明确方案，实施主动控制，阻止施工效应发生，保证既有结构环境安全：

（1）建立深基坑数值模型，明确基坑工程系统和范围，在开挖仿真中掌握既有地下结构变形敏感程度和变形影响的因素；

（2）通过比选加强支护挡墙刚度，在水平位移控制关键区域设立隔离桩，在沉降关键区域进行注浆加固等措施（图5-45），分析主动控制效果，确定最优方案。

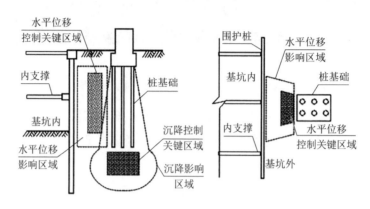

图 5-45　主动控制的关键区域土体示意[1]

3）优化施工工序

郑刚[1]将基坑施工引起邻近工程结构的变形控制分为研究和实践两类："基于基坑支护结构体系的变形控制"和"基于邻近基坑保护对象的变形控制"。前者是控制保护对象变形足够小，后者是保证保护对象安全前提下确定支护结构及相关措施。正如前文所述深基坑存在系统，系统是相互联系的，牵一发而动全身，被动和主动只是施工工序的前后，优化施工工序，保证系统安全都包含了主动控制的特征。而实现主动控制，就是充分利用三维整体设计法反复比选、实现目标的过程，例如郑刚[1]、王卫东[35]强调的优化土方开挖顺序、基坑分区支护和施工等。

5.4　本章小结

明确基坑工程全过程变形，分析典型支护结构施工、降水和基坑开挖是基坑环境变形的重要因素。阐释地下结构群环境深基坑变形控制应在现有开挖为主的基础上，考虑支护结构施工和降水产生的综合影响。强调根据支护结构变形模式和关键区域对基坑环境影响规律，利用三维整体设计法针对基坑工程系统及其最敏感环境进行主动控制，保证基坑工程系统和城市安全。

参 考 文 献

[1] 郑刚. 软土地区基坑工程变形控制方法及工程应用[J]. 岩土工程学报, 2022, 44(1): 1-36.

[2] 李连祥, 刘兵, 李先军. 支护桩与地下主体结构相结合的永久支护结构[J]. 建筑科学与工程学报, 2017, 34(2): 119-127.

[3] 李连祥, 李胜群, 邢宏侠, 等. 深基坑岩土结构化永久支护理论与设计方法[J/OL]. 建筑结构. https://doi.org/10.19701/j.jzjg.20220133.

[4] 住房和城乡建设部. 建筑基坑支护技术规程: JGJ 120—2012[S]. 北京: 中国建筑工业出版社, 2012.

[5] 住房和城乡建设部. 建筑地基基础设计规范: GB 50007—2011[S]. 北京: 中国建筑工业出版社, 2012.

[6] 住房和城乡建设部. 建筑基坑监测技术标准: GB 50497—2019[S]. 北京: 中国计划出版社, 2020.

[7] 上海市住房和城乡建设管理委员会. 基坑工程技术标准: DG/TJ 08—61—2018[S]. 上海: 同济大学出版社, 2020.

[8] 丁勇春, 王建华, 王丽艳. 地下连续墙施工效应数值模拟[C]//中国岩石力学与工程学会东北分会. 第九届全国岩石力学与工程学术大会论文集. 北京: 科学出版社, 2006: 249-254.

[9] 丁勇春. 软土地区深基坑施工引起的变形及控制研究[D]. 上海: 上海交通大学, 2009.

[10] 成晓阳. 集约化支护结构空间与施工效应影响研究[D]. 济南: 山东大学, 2018.

[11] 詹崇谦, 李干艳, 宋泽安, 等. 三轴搅拌桩施工对周边土体影响实测分析[J]. 山西建筑, 2023, 49(1): 74-76.

[12] 郑坚杰. 三轴搅拌桩微扰动施工工艺参数比选[J]. 市政技术, 2018, 36(2): 173-176, 180.

[13] 许四法, 周奇辉, 郑文豪, 等. 基坑施工对邻近运营隧道变形影响全过程实测分析[J]. 岩土工程学报, 2021, 43(5): 804-812.

[14] 王卫东, 陈永才, 吴国明. TRD 水泥土搅拌墙施工环境影响分析及微变形控制措施[J]. 岩土工程学报, 2015, 37(S1): 1-5.

[15] 常林越, 王卫东, 聂书博. 超高压喷射注浆施工环境影响实测分析[J]. 地下空间与工程学报, 2019, 15(S2): 759-765.

[16] 刘嘉典. 深基坑整体设计法与济南典型地层小应变参数取值研究[D]. 济南: 山东大学, 2020.

[17] 龚晓南. 深基坑工程设计施工手册[M]. 北京: 中国建筑工业出版社, 1998.

[18] 郑刚, 邓旭, 刘畅, 等. 不同围护结构变形模式对坑外层土体位移场影响的对比分析[J]. 岩土工程学报, 2014, 36(2): 273-285.

[19] 李连祥, 张永磊, 扈学波. 基于PLAXIS 3D有限元软件的某坑中坑开挖影响分析[J]. 地下空间与工程学报, 2016, 12(S1): 254-261, 266.

[20] 张强. 平行地铁基坑近接结构群相互影响研究与相关结构设计优化[D]. 济南: 山东大学, 2021.

[21] 住房和城乡建设部. 建筑与市政工程地下水控制技术规范: JGJ 111—2016[S]. 北京: 中国建筑工业出版社, 2017.

[22] 李连祥, 李术才. 济南地区深基坑工程管井降水的工程计算方法[J]. 矿产勘查, 2009, 12(1): 48-52.

[23] 鲁芬婷. 基坑工程地下水控制方法及其对既有复合地基的影响研究[D]. 济南: 山东大学, 2016.

[24] 徐帮树, 张芹, 李连祥, 等. 基坑工程降水方法及其优化分析[J]. 地下空间与工程学报, 2013, 9(5): 1161-1165.

[25] 何绍衡, 夏唐代, 李连祥, 等. 地下水渗流对悬挂式截水帷幕基坑变形影响[J]. 浙江大学学报(工学版), 2019, 53(4): 713-723.

[26] 骆冠勇, 潘泓, 曹洪, 等. 承压水减压降水引起的沉降分析[J]. 岩土力学, 2004, 25(S2): 196-200.

[27] 龚晓南, 张杰. 承压水降压引起的上覆土层沉降分析[J]. 岩土工程学报, 2011, 33(1): 145-149.

[28] 王建秀, 吴林高, 朱雁飞, 等. 地铁车站深基坑降水诱发沉降机制及计算方法[J]. 岩石力学与工程学报, 2009, 28(5): 1010-1019.

[29] 王春波, 丁文其, 刘文军, 等. 非稳定承压水降水引起土层沉降分布规律分析[J]. 同济大学学报（自然科学版）, 2013(3): 361-367.

[30] 吴意谦. 潜水地区地铁车站深基坑降水开挖引起的变形研究[D]. 兰州: 兰州理工大学, 2016.

[31] 陈志伟, 缪海波. 深基坑开挖和降水对紧邻既有地铁隧道的影响[J]. 科学技术与工程, 2019, 19(30): 297-302.

[32] 兰韡, 王卫东, 常林越. 超大规模深基坑工程现场抽水试验及土层变形规律研究[J]. 岩土力学, 2022, 43(10): 2898-2910.

[33] 郑刚, 焦莹. 深基坑工程设计理论及工程应用[M]. 北京: 中国建筑工业出版社, 2010.

[34] 周念清, 唐益群, 娄荣祥, 等. 徐家汇地铁站深基坑降水数值模拟与沉降控制[J]. 岩土工程学报, 2011, 33(12): 1950-1956.

[35] 王卫东, 李青, 徐中华. 软土地层邻近隧道深基坑变形控制设计分析与实践[J]. 隧道建设（中英文）, 2022, 42(2): 163-175.

[36] 章红兵, 范凡, 胡昊. 考虑基坑开挖空间效应的邻近建筑物沉降预测方法[J]. 上海交通大学学报, 2016, 50(4): 641-646.

[37] 曹伍富, 马骉, 金淮, 等. 轨道交通工程周边地下管线位移控制指标[J]. 都市快轨交通, 2014, 27(5): 86-92.

[38] 陈志敏, 范长海, 文勇, 等. 超浅埋隧道下穿管线沉降变形及控制基准研究[J]. 公路, 2021, 66(9): 371-378.

[39] 李连祥, 刘嘉典, 李克金, 等. 济南典型地层 HSS 参数选取及适用性研究[J]. 岩土力学, 2019, 40(10): 4021-4029.

[40] 李姝婷. 地下连续墙施工引起的土体变形实测与数值分析研究[D]. 天津: 天津大学, 2014.

[41] 施成华, 彭立敏. 基坑开挖及降水引起的地表沉降预测[J]. 土木工程学报, 2006, 39(5): 117-121.

[42] 王涛, 施斌, 王鑫永, 等. 漫滩二元地层基坑开挖及降水引起的地表沉降预测[J]. 防灾减灾工程学报, 2020, 40(5): 724-731.

[43] 马石城, 印长俊, 邹银生. 抗承压水基坑底板的厚度分析与计算[J]. 工程力学, 2004, 21(2): 204-208.

[44] 刘国彬, 王卫东. 基坑工程手册[M]. 2 版. 北京: 中国建筑工业出版社, 2009.

[45] 孙玉永, 周顺华. 基于离心模型试验的基坑突涌模式及机制研究[J]. 岩石力学与工程学报, 2010, 29(12): 2551-2557.

第 6 章   深基坑系统监测

监测是基坑工程的必须工作之一[1]，也是信息化施工和优化设计的依据[2]，更是评价基坑工程方案优劣、推进城市基坑工程理论进步的基础。基坑监测包括新建支护结构监测和既有环境监测。地下结构群环境深基坑完成设计决策，需要监测设计验证。一方面设计方案应根据主动控制过程明确监测内容和方法；另一方面第三方监测要根据相关技术规范和监测设计把监测项目落实到位，真正执行"信息化施工、动态设计"原则。

地下结构群环境深基坑工程的监测关键是掌握既有结构的安全性状，因此针对性监测必须以典型地下结构对基坑开挖反应规律为基础，考虑对既有结构全生命周期的累计影响，完善技术标准，保证基坑和城市安全。

6.1   典型既有结构对基坑开挖的反应规律

图 1-3 展示了深基坑及其周边的典型地下结构（群）。尽管基坑环境多种多样，但典型地下结构种类主要有（地铁）隧道、车站（地下室）、桩基、管廊、地下管线等。由于深基坑周边地下结构已经存在，监测既有结构安全性状只能以变形为主，但地下结构如何变形？变形是否真正反映地下结构的安全性状？反映结构安全性状的变形能否准确测量？这些问题现有标准[1-4]没有正面回答，因此需要设计与监测工程师深入思考和提升。

6.1.1   隧道

地铁隧道施工主要有明（盖）挖法、矿山法和盾构法三种[5]，由于盾构整体装备进步较快，且地层适应广泛，符合绿色、工业化、装配式趋势，基坑对地铁隧道影响主要分析盾构法管片结构。

1.基坑开挖对邻近隧道产生明显影响

刘波等[6]收集、统计并分析了 42 个基坑开挖对侧方既有隧道影响的工程案例，表明隧道受基坑开挖影响，水平位移均指向坑内，而竖向位移为沉降或隆起，具体与隧道拱顶埋深H_t和隧道距基坑水平距离L_t有关（图 6-1）。统计得知隧道发生隆沉的临界拱顶埋深为$H_e + R$，H_e为基坑开挖深度，R为隧道直径，拱腰距基坑临界水平距离为$L_t = H_e$，进而结合侧方隧道竖向位移分布特征，可将坑外范围划分为沉降区、过渡区和隆起区（图 6-2）。

范雪辉等[7]、刘波[8]通过文献调研了国内 33 个基坑开挖对下卧地铁隧道影响的案例，采用郑刚[9]提出隧道最大变形 20mm、10mm、5mm 三级变形控制标准划分影响区，按照图 6-3 建立数值模型，得到对应下卧隧道等值线范围［图 6-4（a）］，通过引入影响区深度系数N_1、N_2坐标，获得了下卧隧道变形主要影响区、次要影响区、一般影响区以及微弱影响区〔图6-4（b）〕。

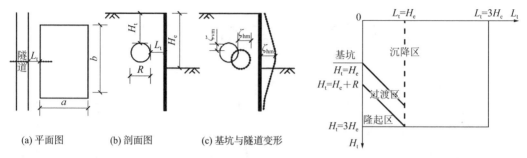

(a) 平面图   (b) 剖面图   (c) 基坑与隧道变形

图6-1 基坑与侧方既有隧道尺寸、位置关系及变形示意图[6]

图6-2 坑外隧道竖向位移分区[6]

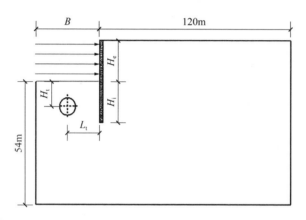

图6-3 基坑开挖对下卧隧道影响的计算模型[7]

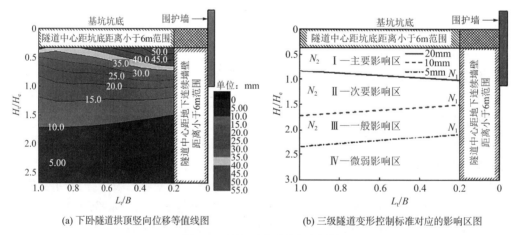

(a) 下卧隧道拱顶竖向位移等值线图   (b) 三级隧道变形控制标准对应的影响区图

图6-4 基坑下卧隧道变形图[7]

2. 围护结构位移模式影响隧道变形性状

郑刚等[10]研究了4种典型围护结构变形模式（图1-11）条件下坑外不同位置隧道的变形性状和位移影响范围，表明围护结构最大变形相同而变形模式不同的情况下，坑外既有隧道的变形也会存在较大的差异。以隧道拱顶和拱底两点同时沉降、沉降与隆起并存、同时隆起为标志，将基坑外不同位置的隧道划分为沉降区、变形过渡区及隆起区。图 6-5 为支护结构内凸型模式下，不同位置处隧道变形及特性分区示意图，由图发现坑外不同位置隧道变形性状不同。将 4 种变形模式下隧道的 20mm 位移（值）和 10mm 位移（值）分别定义控制线和警戒线范围并绘制在图 6-6 中，可见围护结构悬臂型模式对坑外隧道的位移影响范围最小，内凸型与复合型模式影响范围基本相同，大于悬臂型，而踢脚型模式下范围最大。因此实际工程中，应针对坑外存在既有隧道位置选择基坑支护体系设计方案，控制围护结构的最大位移，采用恰当的围护结构变形模式，合理布置监测点及其范围。

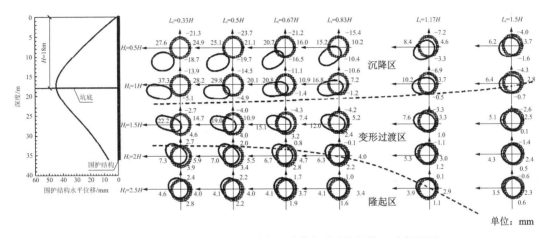

图 6-5　内凸型模式下，不同位置隧道变形及特性分区示意图[10]

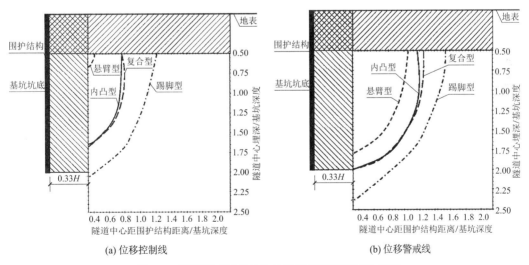

图 6-6　不同模式引起的坑外隧道位移影响区比较[10]

3. 基坑开挖隧道的变形组成

李连祥[11]、张强[12]基于济南工程案例，研究了邻近基坑地铁盾构隧道拱腰水平位移。明确了基坑侧向开挖既有隧道的位移及其组成，如图 6-7 所示。邻近基坑隧道拱腰处位移 δ 按式(6-1)计算：

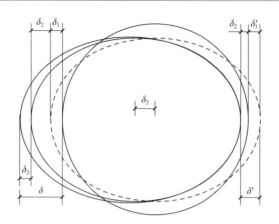

图 6-7　坑外隧道水平位移组成分类[11]

$$\delta = \delta_1 + \delta_2 + \delta_3 \tag{6-1}$$

式中：δ_1——初始水平位移（mm）；

　　　δ_2——水平刚体位移（mm）；

　　　δ_3——靠近基坑侧的由于水平基床系数变化产生的隧道拱腰水平形变位移（mm）。

由于土层与隧道刚度相差较大，为简化计算，忽略隧道远离基坑侧拱腰发生的挤压变形位移。故隧道远离基坑侧拱腰的水平位移公式可表示为：

$$\delta' = \delta_2 + \delta_1' \tag{6-2}$$

式中：δ'——隧道远离基坑侧拱腰的最终水平位移（mm）；

　　　δ_1'——其初始位移（mm）。

由式(6-1)、式(6-2)可得：

$$\delta_3 = \delta - \delta_1 - (\delta' - \delta_1') \tag{6-3}$$

结合文献[6～10]，将式(6-1)推广到一般情况，δ为某点最终位移，δ_1为初始位移，δ_2为刚体位移，δ_3为形变位移。显然，形变位移源于基坑施工引起周边岩土应力场的改变，促使隧道结构应力重分布，从而对应管片结构产生应力增量，对于既有隧道安全更具有实质意义。

6.1.2　车站

地铁车站是人流、物流交汇的地方，是物业投资价值的重要载体，地铁车站周边区域必然成为中心城市开发的重点，也将成为深基坑的重要环境，而且也像地铁隧道一样，不断受周边项目基坑的叠加干扰。因此，对车站结构进行有效、持续、全寿命监测就要掌握基坑开挖对于车站结构变形规律及其损伤。

1. 车站结构对基坑开挖的变形响应

基坑与邻近地铁车站的相对位置可分为两种情况，一是基坑与地铁车站邻近，即间隔一段土体；二是基坑与车站共用一道地下连续墙（共壁）。Li 等[13]认为当基坑与地铁车站间隔一段土体时，地铁车站的竖直位移由开挖基坑周围的土体位移引起；二者共壁，地铁车站则直接受到基坑内土体开挖的影响（图 6-8）。因此，两种情况下地铁车站受基坑开挖影响的传力机制存在差异，应稍作区别。

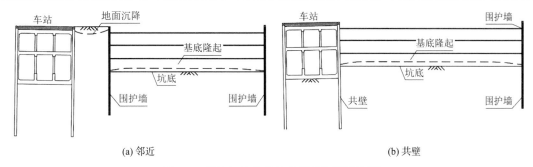

（a）邻近　　　　　　　　　　　　　（b）共壁

图 6-8　基坑与地铁车站的相对位置关系[13]

（1）车站结构的水平和竖向变形

基坑与地铁车站间隔一段土体时，位于基坑系统内的地铁车站通过"基坑—土体—车站"的传力机制，受到基坑开挖的影响。

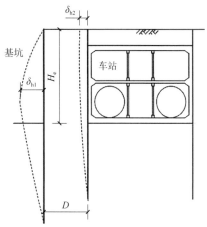

曾远等[14]以上海张杨路地铁车站为背景，利用有限元分析，获得了基坑围护结构变形、基坑与车站距离表达的车站最大水平位移 δ_{h2}（图 6-9）的估算公式。根据 Tan 等[15]对邻近苏州 1 号线车站的某大型基坑开挖项目的监测，基坑对地铁车站的影响距离约为 2 倍基坑开挖深度。当 $D/H_e \geq 2$，虽然车站整体发生了沉降，但数值较小，不影响车站的正常运营。

刘燕[16]分析了距离基坑 5m 的某 2 柱、3 跨、2 层车站结构的整体变形形态，如图 6-10 所示，显示车站墙体向上位移近基坑的右侧明显高于左侧。李连祥[17]研究了平行车站共壁支护挡墙（图 6-11）基坑后序开挖对既有车站结构的影响，结论支持近基坑墙体上浮

图 6-9　车站邻近基坑的水平位移[14]

更明显的结论，表 6-1 显示为墙 A、B、E 顶部在 2-2 剖面处随两侧基坑开挖的竖向位移统计。R1 侧施工时，墙 A、B 受 R1 车站基坑坑底土体隆起影响，墙体上移，竖向位移都在 5.5mm 左右，回填时，墙体竖向位移有所回落。之后 R2 车站基坑施工，墙 B、E 受 R2 车站坑底土体隆起影响，墙体产生明显上移，墙 B 经历两侧卸载，上移最大。

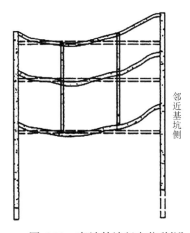

图 6-10　车站外墙竖向位移[16]

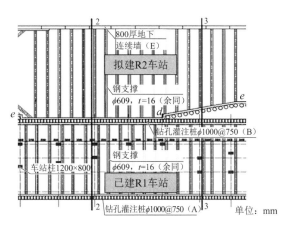

图 6-11　平行车站共壁支护平面图[17]

平行车站墙体竖向变形[17]（mm）　　　　　　　　　　　　　　　　　表 6-1

工况	墙A	墙B	墙E
5	3.83	3.54	—
8	5.85	5.27	—
12	2.85	2.35	—
17	2.56	5.64	2.84
19	2.88	8.45	4.42
20	2.29	10.03	5.12

（2）车站结构的偏转

李志高等[18]对上海地铁8号线人民广场站的监测数据显示：车站底板邻近基坑侧发生抬起，另一侧发生沉降，车站呈整体背向基坑倾斜，且随着基坑的开挖，倾斜角度逐渐增大。而 Wei 等[19]和 Liao 等[20]则以苏州典型地层为背景，利用 PLAXIS 2D 对车站的变形及偏转规律进行研究。Wei 等[19]取车站铁轨标准位移（标准位移 = 左线铁轨两条轨道竖直位移差 ÷ 两轨间距）作为控制指标。随着D/H_e的增大，车站铁轨先发生顺时针转动，后发生逆时针转动。Liao 等[20]将转动放大到整个车站，得到车站中柱偏转角度α、偏转位移Δ_2随D/H_e变化的偏转规律，如图 6-12 所示。当基坑开挖较深时（图 6-12 中开挖 21m），车站发生较大偏转。尤其是当$D/H_e = 2$时，由前面分析可知基坑开挖对车站位移和内力影响较小，但车站发生较大逆时针偏转。

由此可知，车站偏转由邻近基坑开挖时车站整体不均衡的竖直位移产生，受基坑与车站间距、基坑开挖深度等因素的影响。随基坑与车站间距的增加，车站偏转方向从顺时针转向逆时针，且当基坑开挖较深时，与变形规律不同，车站发生较大逆时针偏转。

当基坑与车站共壁时，由于基坑开挖引起坑底隆起，导致共壁地下连续墙受墙底土体上抬、向上的土-墙摩擦力、降低的墙底承载力的影响[21]。车站与邻近基坑间产生"基坑—坑底土体—车站"的传力机制（图 6-13），同样，车站有偏转趋势。

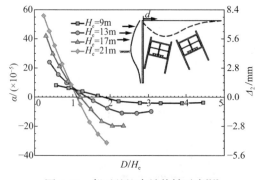

图 6-12　邻近基坑车站偏转示意[20]

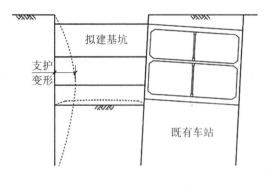

图 6-13　基坑对共壁车站的影响[21]

高盟等[22]应用 FLAC3D 三维数值分析，研究与地铁车站共壁的基坑工程，得到车站墙体朝向基坑方向的水平位移；基坑单侧开挖使车站结构产生不对称变形，表现为车站明显的偏转。李连祥等[17]研究，R1 车站（图 6-11）楼板位移见图 6-14，各层楼板在 B 墙产生不同向上位移，不难想象 R1 车站向 A 墙方向发生了偏转，呼应文献[20]变形规律。

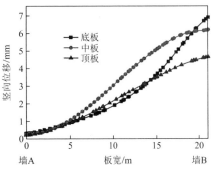

图 6-14 R1 车站楼板位移[17]

（3）车站结构内力变化

共壁墙体基坑开挖对邻近车站的影响还表现在车站结构内力上。Wei 等[19]按照裂缝控制及侧墙配筋求得车站裂缝控制弯矩，当 $D/H_e < 0.7$，结构裂缝过大，发生破坏，但此时车站轨道横向高差满足规范[23]要求，小于 2mm。而对于车站裂缝较大、易破坏节点的选取，李新星[24]运用叠加原理，采用有限元荷载结构法和强制位移法，得出地铁车站在基坑开挖作用下的易破坏节点，如图 6-15 所示。刘燕[16]针对车站位移（图 6-10），计算了由于基坑开挖引起车站变形增加的弯矩和剪力，如图 6-16 所示，弯矩增量最大为 936.3786kN·m，剪力增量最大为 165.8915kN/m，底板和地下连续墙交点位置受基坑影响最显著。

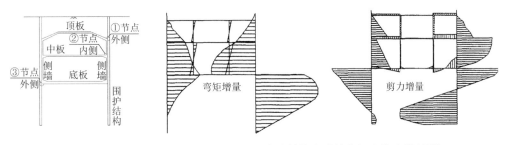

图 6-15 易破坏
节点示意[24]

图 6-16 车站结构变形的弯矩和剪力增量[16]

综上，基坑开挖对邻近既有车站产生偏转变形，包含水平和竖向位移，偏转的大小与地质、车站结构、基坑等综合因素有关。车站变形应力场重新分布，有可能对结构造成伤害。

2. 基坑叠加开挖的结构影响

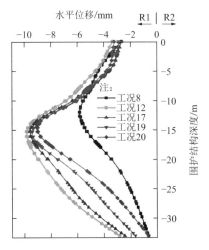

图 6-17 共壁墙工序叠加位移[17]

工序叠加影响实际是既有结构全寿命之中的一个阶段。一个地铁车站、一段隧道区间 100 年使用周期内，受邻近基坑开挖干扰可能有多次，因此掌握不同工序干扰累积叠加影响，才会高度重视对地铁结构的全寿命保护和持续监测。

李连祥等[17]研究分析了 R1、R2 平行车站共壁墙体 B 两个基坑开挖的变形叠加。图6-17 为墙 B（共壁）在两侧基坑施工过程中剖面 2-2（图 6-11）处的水平位移计算曲线。R1 车站基坑开挖，土体卸载，墙 B 向 R1 坑内变形，其变形特点与普通围护墙一致（对应工况 12）。虽然 R2 侧开挖卸载导致墙 B 产生了向 R2 坑内的位移，但墙 B 总体仍是向 R1 坑内变形（对应工况 20），对于 R2 基坑，墙 B 变形明显区别于一般基坑的围护结构。显然，不考虑前序工况影响，无法了解支护结构的承载性状，由此容易理解对既有地铁结构持续监测的必要性。

6.1.3 桩基和复合地基

基坑开挖对桩基的影响是被动桩问题之一，大量研究表明基坑开挖会引起邻近桩基位移。以桩基承担的主体结构不同主要涉及两类：一是建筑结构的群桩；二是高架桥如高铁、轻轨、城市快速路的群桩。

1. 基坑对邻近单桩的影响

既有桩基基础都是群桩共同工作。前文第3章显示基坑开挖对与开挖面最近的复合地基边桩影响最大，周婷婷[25]证明边桩最不安全。陈天宇[26]证明桩间距超过4倍桩直径的复合地基侧向加固能力较小。因此，保证基坑邻近桩基安全就是有效控制边桩变形。

基坑开挖对于基桩的影响研究一直是学者关注重点，基本应用了突出变形（图6-18）[27,28]和受力（图6-19）[29,30]的两个分析模型，一个共同特点就是邻近基坑桩基会受到基坑开挖与降水的影响。因此，基坑系统内的桩基应纳入监测范围。

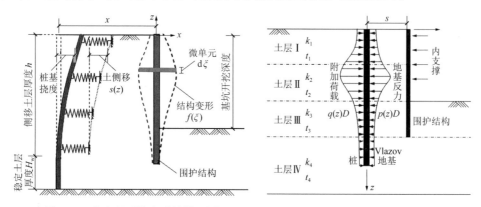

图 6-18 突出邻近桩变形的模型[27]   图 6-19 突出荷载作用的模型[29]

1）桩基的约束形式与内力

李琳等[31]将桩顶的约束条件简化为桩顶自由、桩顶铰接和桩顶固定3种情况，分别对应高架桥走向和基坑边线平行时，桩基支撑条形基础建筑时，建筑采用桩筏基础时的场景。比较了同一基坑深度、不同桩顶约束基坑开挖结束邻近桩基沿桩长的水平位移、弯矩、剪力和桩侧土压力分布，见图6-20，表明不同约束条件对桩基的附加应力影响较大，强调应考虑顶部固定条件桩基承载性能，在开挖时应对桩顶部位重点监测。

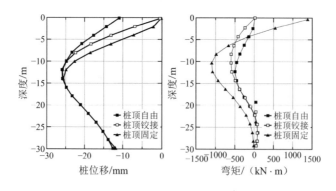

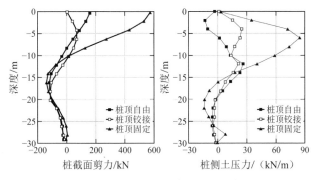

图 6-20　顶部三种约束的基桩性状[31]

图 6-20 的三种约束对应的实际场景均从地面开始，即桩顶与地表齐平。实际建筑桩基均有一定埋深，存在地下室时桩基顶面即为地下室底板，此时约束位置不仅需要调整，还需考虑地下室外墙与桩基的共同工作。对于高架结构，由于部分桩基裸露于地面之上，桩顶自由约束的位移还要考虑桥下净空部分对于位移的增长。

2）基坑开挖的基桩受荷性状响应

万嘉成等[32]研究了软土基坑开挖对邻近桩基竖向受荷性状的影响，证明基坑开挖前后桩基轴向抗压承载力减小约 13.6%（图 6-21），并且引起既有承受竖向荷载的邻近桩基产生可观的附加沉降。根源在于开挖后邻近基坑的桩侧土体变形，土压力系数减小，极限摩阻力减小（图 6-22、图 6-23）。在传统荷载传递法中考虑开挖后桩侧摩阻力的折减的简化方法，可以帮助工程师较好地理解和分析基坑开挖对邻近桩

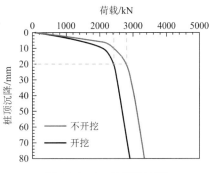

图 6-21　Q-s曲线对比[32]

基竖向受荷性状影响，也为必要时进行邻近桩基深层土体位移监测提供了理论需求。

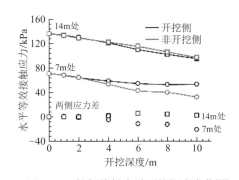

图 6-22　桩侧接触力随开挖深度变化[32]

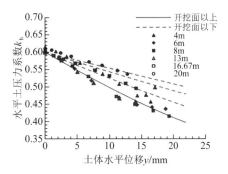

图 6-23　土压力系数与位移的关系[32]

对于既有复合地基所受邻近基坑开挖影响与桩基具有类似性状，且第 3 章已全面介绍，为监测针对性提供了理论基础。

2. 基坑对复合地基与桩基影响的范围

李连祥等[33]研究了复合地基与邻近基坑支护结构之间距离影响规律，指出当复合地基与支护结构之间距离达到 1.8 倍开挖深度及以上时，CFG 桩轴力、位移与桩土应力比均已

稳定，说明基坑影响复合地基的范围约为 1.8 倍基坑深度。结合图 5-12、图 5-13，说明复合地基侧向加固具有明显作用，且济南硬土比上海软土地表沉降范围相对缩小。

李琳等[31]认为当桩基与基坑开挖面距离 $X \leqslant 12m$ 时，桩基水平位移、弯矩、剪力和桩侧土压力分布与围护结构很相似，但是随距离增大很快降低；当距离 $X > 12m$ 后，桩基的各反应均较小，这说明当桩基距离基坑开挖面超过 $1.0H$ 后，基坑开挖对邻近桩基影响已经比较小了。

张骁等[34]对基坑近接桥桩开挖变形影响分区开展了研究，分别选取 20mm 和 10mm 作为单墩允许沉降和水平位移极限值，以 60%极限值为警戒值，建立桥梁桩基变形影响分区控制标准。基于桩与基坑不同距离和桩长与基坑深度不同关系，分别绘制桩基沉降极限值、预警值等值线及水平变形极限值、预警值等值线，如图 6-24 所示。可以发现，无论是允许值还是警戒值，桩基竖向沉降等值线的包络面积均明显小于水平位移等值线的包络面积。因此，在邻近既有桥梁桩基开挖时应将桩基的水平位移作为主要的变形控制指标。进一步得到基坑开挖对邻近桥梁桩基变形影响分区图，如图 6-25 所示。实际工程中，针对桩底位于 A 区、B 区的桩基须加强量测和监测。

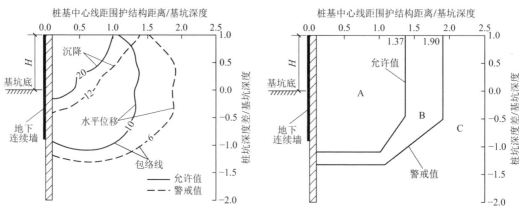

图 6-24　不同位移控制值的影响区[34]（单位：mm）　　图 6-25　基坑开挖对近接桥梁桩基的影响分区[34]

综上，不管复合地基还是桩基，不管建筑桩基还是桥梁桩基，桩与开挖面间距小于 2 倍基坑开挖深度时应进行监测。

6.1.4　管廊与管线

管廊是近年来城市建设的重点，也是城市发展的重要标志之一。综合管廊的结构设计使用时限 100 年[35]，与地铁隧道等一致，因此需了解管廊对邻近基坑工程被动响应规律，掌握变形对管廊结构安全影响。

由于管廊近期才建，目前有关基坑开挖对管廊安全影响的文献并不多。林鼎宗等[36]采用三维数值分析研究了基坑开挖对邻近双舱综合管廊的影响，基坑与管廊位置关系见图 6-26（b），双舱管廊结构剖面见图 6-27，基坑开挖分区见图 6-28。结果表明，基坑开挖后，邻近综合管廊沿轴线方向的变形受力模式可分为平移转动区、相对扭转区和位移约束区三个特征区域，如图 6-29 所示。基坑中部附近管廊发生朝向基坑的平移和绕轴转动，基坑边界附近管廊发生相对扭转，远离基坑区域管廊的位移受土体约束而相对静止。位于平移转动区和相对扭转区内的管廊截面发生朝向基坑的剪切变形，管廊顶板相对底板发生朝向基坑的水平相对移动；邻近基坑一侧市政舱顶板和远离基坑一侧侧墙下半部分发生较大挠曲变形。管廊与基坑间距对三个变形特征区域的分布没有显著影响，但管廊离基坑越近会使得管廊结构的变形程度越大，如图 6-30 所示。

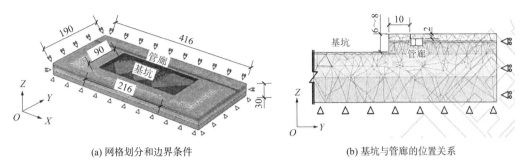

(a) 网格划分和边界条件　　　　　　　　　(b) 基坑与管廊的位置关系

图 6-26　基坑开挖对近接管廊影响研究模型[36]（单位：m）

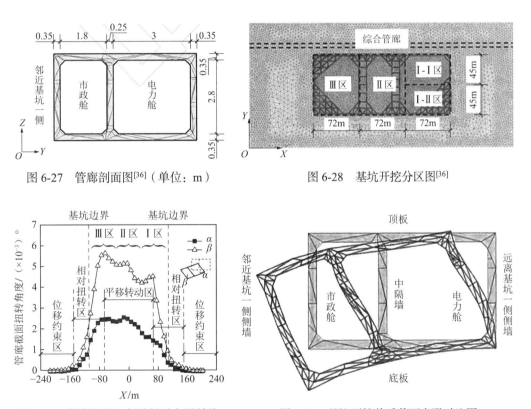

图 6-27　管廊剖面图[36]（单位：m）　　　　图 6-28　基坑开挖分区图[36]

图 6-29　管廊底板和侧墙转动角沿轴线　　　　图 6-30　基坑开挖前后截面变形对比图
　　　　分布曲线[36]　　　　　　　　　　　　　　（基坑中部）[36]

　　文献[36]案例基坑挖深仅 6～8m，管廊高度、埋深也不大，并未考虑管廊基坑的支护结构。由于管廊常建于城市道路之下，难免常用竖向支护[37,38]，此时管廊简图（图 4-27、图 4-28）与地铁车站结构（图 6-8、图 6-9）相似，因此，基坑开挖将引起管廊结构扭转、平移等变形，在现有设计不能准确预估管廊结构影响条件下，能够持续累积的监测必不可少。

图 6-31 管廊内部管线固定示意

管线一般通过抱箍或托架固定在管廊侧壁或底板（图 6-31），由于管廊受基坑开挖影响，对于内压刚性管线的安装节点应具有自适应能力，同时管廊内管线亦要监测。至于直埋管线，监测方法相应成熟，坚持"针对性"和控制"关键管线"变形原则，一般能够实现监测目标。

6.2 深基坑系统监测设计

监测设计是设计工程师基于整体设计方案，针对基坑支护结构和周边环境进行应力、位移监测的总体要求，目的是通过监测数据掌握并判断支护结构工作和环境安全状态。地下结构群环境深基坑的关键在于既有地下结构的安全及其保护，因此基坑监测范围要符合基坑工程系统要求；同时还要了解和掌握周边环境对基坑开挖的反应，从而针对性布置监测项目，真正掌握既有结构的安全状态。

6.2.1 监测范围

基坑监测范围指基坑工程设计方案布置监测内容的空间界限，表明支护结构施工、地下水控制和基坑开挖等工程行为经周边岩土和既有结构传递，地面和坑底深部岩土体出现扰动的范围。明确监测范围对于提升监测作用与效力，保证基坑与城市安全具有重要意义。

1. 监测范围的基本经验

（1）建筑与市政基坑的监测范围

《建筑基坑工程监测技术标准》GB 50497—2019[2]规定基坑工程监测范围应根据基坑设计深度、地质条件、周边环境情况以及支护结构类型、施工工法等综合确定；同时考虑施工降水、爆破开挖的影响。

《建筑基坑支护技术规程》JGJ 120—2012[1]没有明确基坑工程监测的具体范围，根据其对勘察布点范围与基坑降水对地面沉降的影响[2]，监测范围应不小于 1 倍开挖深度和降水影响半径两者的较大值。而降水半径只给出了开敞式降水的情况，对于复杂环境全封闭截水地下水控制系统的影响半径还要依靠数值分析。

因此，相关规范没有明确建筑与市政工程基坑的监测范围，实际工程中，多以 3 倍基坑开挖深度为限，对其中既有建筑和设施布置监测。

（2）城市轨道交通基坑的监测范围

《城市轨道交通工程监测技术规范》GB 50911—2013[3]明确监测范围应根据基坑设计深度、施工工法、支护结构形式、地质条件、周边环境条件等综合确定，并应包括主要影响区和次要影响区，影响分区划分见表 6-2。

基坑工程影响分区[3]   表 6-2

基坑工程影响区	范围
主要影响区（Ⅰ）	基坑周边 $0.7H$ 或 $H \cdot \tan(45° - \varphi/2)$ 范围内

续表

基坑工程影响区	范围
次要影响区（Ⅱ）	基坑周边 0.7H～(2.0～3.0)H或H·tan(45°−φ/2)～(2.0～3.0)H范围内
可能影响区（Ⅲ）	基坑周边(2.0～3.0)H范围外

注：1. H为基坑设计深度（m），φ为岩土体内摩擦角（°）；
　　2. 基坑开挖范围内存在基岩时，H为覆盖土层和基岩强风化层厚度之和；
　　3. 工程影响分区的划分界线取表中 $0.7H$ 或 $H \cdot \tan(45° - \varphi/2)$ 的较大值。

《城市轨道交通结构安全保护技术规范》CJJ/T 202—2013[4]明确明挖、盖挖法外部作业的工程影响分区按表 6-3 和图 6-32 确定。表明开挖深度 2～3 倍范围内既有环境将被扰动，基坑监测应对此范围内的既有环境进行控制。

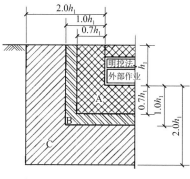

图 6-32　明挖法工程影响分区[4]

对比表 6-2、表 6-3 中的H和h_1，可认为就是基坑开挖深度。根据李连祥的最新工作[39,40]，土岩双元基坑岩体开挖对深基坑系统范围影响有限，可将H替换为土体开挖深度或 2 倍基坑开挖深度。

明挖、盖挖法外部作业的工程影响分区[4]　　　　　表 6-3

工程影响分区	区域范围
强烈影响区（A）	结构正上方及外侧 0.7h_1 范围内
显著影响区（B）	结构外侧（0.7～1.0）h_1 范围
一般影响区（C）	结构外侧（1.0～2.0）h_1 范围

注：h_1为明挖、盖挖法外部作业结构底板的埋深。

2. 系统监测范围及其确定方法

（1）深基坑系统边界即监测范围

受现有设计理论和方法的限制，实际工程多以平面应变单元法决策，从而限制了设计工程师对于基坑系统空间变形的认识，监测的预警、验证与理论提升作用往往被忽视，大多时候为监测而监测，仅仅针对支护方案和周边环境，按照相关规范和既有经验的监测范围内简单布置。

深基坑工程系统（图 5-36）展示了基坑施工与开挖影响的空间范围，明确处于系统内的既有结构、地下设施、岩土体都发生了变形，因此监测范围就是基坑系统边界，应对基坑工程系统内所有既有结构和设施进行监测，从而证明支护方案有效，保证支护结构与周边环境既有正常功能。

（2）监测范围确定的方法

工程实际中，设计工程师首先根据城市深基坑决策系统，应用三维整体设计法确定基坑工程系统，再根据一定变形等值线（如 10mm 沉降）作为系统边界，从而明确了系统范围及系统内不同类型结构的针对性监测方法，提升了既有经验与相关标准[1-4]要求的(2～3)H监控范围的精度和针对性。

6.2.2 监测布置新要求

地下结构群深基坑监测的最大特点在于对既有结构的监测。现有标准[1-4]已经明确对基坑支护结构和周边环境的监测要求，监测布置包含监测项目和位置。监测范围内监测项目的数据应体现既有结构对邻近基坑开挖的反应规律。

1. 监测要求现状

监测要求是现行技术规范对基坑与环境监测具体规定，需要监测设计针对基坑工程方案具体环境落实监测项目及其点位设置。

（1）监测项目

表6-4、表6-5分别是现行规范要求的仪器监测项目。除基坑支护结构外，前者包含了周边环境如道路、建筑、管线等；后者没有环境监测，而是通过细分基坑邻近环境为建（构）筑物、地下管线、道桥、既有轨道和铁路等，明确专门要求，见表6-6。

土质基坑工程仪器监测项目表[2]　　　　　　　　　　　　　　　表6-4

监测项目		基坑工程安全等级		
		一级	二级	三级
围护墙（边坡）顶部水平位移		应测	应测	应测
围护墙（边坡）顶部竖向位移		应测	应测	应测
深层水平位移		应测	应测	宜测
立柱竖向位移		应测	应测	宜测
围护墙内力		宜测	可测	可测
支撑轴力		应测	应测	宜测
立柱内力		可测	可测	可测
锚杆轴力		应测	宜测	可测
坑底隆起		可测	可测	可测
围护墙侧向土压力		可测	可测	可测
孔隙水压力		可测	可测	可测
地下水位		应测	应测	应测
土体分层竖向位移		可测	可测	可测
周边地表竖向位移		应测	应测	宜测
周边建筑	竖向位移	应测	应测	应测
	倾斜	应测	宜测	可测
	水平位移	宜测	可测	可测
周边建筑裂缝、地表裂缝		应测	应测	应测
周边管线	竖向位移	应测	应测	应测
	水平位移	可测	可测	可测
周边道路竖向位移		应测	宜测	可测

明挖盖挖法支护结构和周围岩土体监测项目[4]　　表 6-5

序号	监测项目	工程监测等级		
		一级	二级	三级
1	支护桩（墙）、边坡顶部水平位移	√	√	√
2	支护桩（墙）、边坡顶部竖向位移	√	√	√
3	支护桩（墙）体水平位移	√	√	○
4	支护桩（墙）结构应力	○	○	○
5	立柱结构竖向位移	√	√	○
6	立柱结构水平位移	√	√	○
7	立柱结构应力	○	○	○
8	支撑轴力	√	√	√
9	顶板应力	○	○	○
10	锚杆拉力	√	√	√
11	土钉拉力	○	○	○
12	地表沉降	√	√	√
13	竖井井壁支护结构净空收敛	√	√	√
14	土体深层水平位移	○	○	○
15	土体分层竖向位移	○	○	○
16	坑底隆起（回弹）	○	○	○
17	支护桩（墙）侧向土压力	○	○	○
18	地下水位	√	√	√
19	孔隙水压力	○	○	○

注：√—应测项目；○—选测项目。

周边环境监测项目[4]　　表 6-6

监测对象	监测项目	工程影响分区	
		主要影响区	次要影响区
建（构）筑物	竖向位移	√	√
	水平位移	○	○
	倾斜	○	○
	裂缝	√	○
地下管线	竖向位移	√	○
	水平位移	○	○
	差异沉降	√	○
高速公路与城市道路	路面路基竖向位移	√	○
	挡墙竖向位移	√	○
	挡墙倾斜	√	○

监测对象	监测项目	工程影响分区	
		主要影响区	次要影响区
桥梁	墩台竖向位移	√	√
	墩台差异沉降	√	√
	墩柱倾斜	√	√
	梁板应力	○	○
	裂缝	√	○
既有城市轨道交通	隧道结构竖向位移	√	○
	隧道结构水平位移	√	○
	隧道结构净空收敛	○	○
	隧道结构变形缝差异沉降	√	√
	轨道结构（道床）竖向位移	√	√
	轨道静态几何形位（轨距、轨向、高低、水平）	√	√
	隧道、轨道结构裂缝	√	○
既有铁路（包括城市轨道交通地面线）	路基竖向位移	√	√
	轨道静态几何形位（轨距、轨向、高低、水平）	√	√

注：√—应测项目；○—选测项目。

（2）点位布设

《城市轨道交通工程监测技术规范》GB 50911—2013[3]规定，监测项目应根据监测对象的特点、工程监测等级、工程影响分区、设计及施工的要求合理确定，并应反映监测对象的变化特征和安全状态。监测对象和项目应相互配套，满足设计、施工方案要求，并形成有效、完善的监测体系。同时，明确了表6-5、表6-6中监测对象点位布设的数量、距离和方法。

2. 周边环境监测的新要求

以图1-3地下结构群深基坑分析，表6-4、表6-5、表6-6监测项目与规定方法缺少对既有管廊、桩基、车站结构的有效指导；包括的监测内容难以确定既有结构的"变化特征和安全状态"。因此，基坑开挖对既有结构监测影响需要新方法，适应既有结构全生命周期安全观。

1）典型既有结构监测方法思辨

以既有隧道监测为例分析监测项目、指标与安全状态之间的关系。

（1）监测方法与控制指标的距离问题

文献[3]规定了基坑开挖既有轨道交通隧道结构竖向位移、水平位移和净空收敛监测的监测断面选取、变形监测点布设、监测方法和监测控制值。图6-33是文献[9]案例基坑与既有隧道关系与监测断面位移监测点布置，图6-34为基坑开挖后隧道变形计算值和实测值对比。由图6-1、图6-5、图6-34可知，基坑开挖导致的既有隧道变形是综合的，对照城市轨道交通既有线隧道结构变形控制值（表6-7）[3]，从图6-34中S1～S5各点位移，无法直接确定隧道结构沉降、上浮及水平位移。

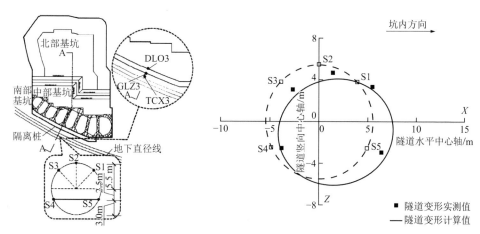

图 6-33 基坑与隧道关系及隧道位移   图 6-34 隧道变形计算值和实测值对比
监测点布置[11]   （变形放大 100 倍）[9]

《城市轨道交通结构安全保护技术规范》CJJ/T 202—2012[4]规定对既有城市轨道交通隧道结构断面从内部采用全站仪进行监测，由于既有隧道地铁正在运营，变形监测点设置、监测作业非常困难，甚至难以实现。因此现行技术规范变形及控制与实际监测方法存在明显差异，应补充并明确通过监测断面各点位移确定隧道结构沉降、上浮等整体指标的方法，从而为监测预警与规范执行建立直接联系。

（2）既有隧道结构监测控制"一次性"问题

目前地铁保护与监测[3,4]均针对具体工程，即"一次性"。表 6-7 为既有隧道结构保护的控制要求，没有隧道已经运行时间、具体地层条件、既有隧道变形情况等前置约束，只要"现在"监测未达控制值则地铁运行"安全"。实际上地铁隧道百年设计时限[5]，即使某一局部，邻近隧道外部作业不能保证仅此"一次"，后续隧道的另一侧、下部等地下空间开发，照样继续影响或耦合叠加，因此地铁保护与隧道结构监测理念需要提升至"全生命周期、全过程"，相应指标量值设定尚待精细。

轨道交通既有线隧道结构变形控制值[3]   表 6-7

监测项目	累计值/mm	变化速率/（mm/d）
隧道结构沉降	3～10	1
隧道结构上浮	5	1
隧道结构水平位移	3～5	1
隧道差异沉降	$0.04\%L_s$	—
隧道结构变形缝差异沉降	2～4	1

注：L_s 为沿隧道轴向两监测点间距。

（3）隧道变形与结构安全问题

文献[3]明确盾构法隧道管片结构监测项目施工过程控制值，如表 6-8 所示。不难发现隧道结构施工过程存在明显沉降，更可预测隧道运行后沉降还要继续。说明一定隧道变形不会导致结构安全问题，更进一步说，采用监测变形控制值并没有揭示结构安全状况，即获得既有隧道的变形后仍不能准确判断既有隧道结构的安全性状。

盾构法管片结构沉降、净空收敛监测控制值[3]   表 6-8

监测项目及岩土类型		累计值/mm	变化速率/（mm/d）
管片结构沉降	坚硬—中硬土	10~20	2
	中软—软弱土	20~30	3
管片结构差异沉降		0.04%L_s	—
管片结构净空收敛		0.2%D	3

注：L_s—沿隧道轴向两监测点间距；D—隧道开挖直径。

2）变形与结构安全的关系

地下结构群环境深基坑重在保护既有地下结构安全，现有监测技术只能粗略获得既有结构基本变形。这些变形是否真正反映结构安全状态，目前缺乏研究结论支撑。实际工程真正作业并非以建设内容和环境安全为根本目标，而是根据现有规范要求落实监测项目，当规范无法或难以执行时，涉及既有结构安全的监测便被理所当然地忽视或忽略。随着中心城市轨道交通和深基坑工程快速发展，迫切需要建立既有结构安全与变形的直接联系，从而以直接监控变形并控制既有结构安全。

6.3 深基坑工程系统监测新方法

以典型地下结构基坑开挖影响规律为导向，以结构安全控制为目标，结合已有规范监测布置与方法要求，考虑既有结构全生命周期安全使用，保证结构正常使用条件下监测数据持续、累计、有效，需提升和完善针对既有典型结构的监测方法。

6.3.1 既有典型结构监测的改进

1. 既有隧道监测的提升

（1）明确隧道结构整体位移及其计算方法

图 6-33 中 S1~S5 每个监测点 x、z 方向位移为(x_i, z_i)（$i=1~5$），第j次监测S_i点位移为$(x_{i,j}, z_{i,j})$，$j=1,2,3,\cdots,n$，定义隧道结构断面整体的变形为刚体位移，表现为隧道结构整体的沉降、上浮和水平位移。由式(6-4)确定，对照表 6-3 有关指标对既有隧道结构实施控制。

$$GT_{i,j} = (\min x_{i,j}, \min z_{i,j}) \tag{6-4}$$

定义隧道结构最大点的形变位移由式(6-5)确定：

$$XB_{i,j} = \max[x_{i,j} - \min(x_{i,j})]、\max[z_{i,j} - \min(z_{i,j})] \tag{6-5}$$

（2）施工监测点永久利用

图 6-35 是盾构隧道 6 块管片安装示意图，管片位置随各环变化，如图 6-33 所示监测点 S1~S5 在隧道断面位置应该固定且保证永久利用。当隧道邻近有外部作业时，通过施工监测点进一步测试，在竣工监测的基础上掌握运行阶段变形，再结合阶段性监测控制值，协调基坑设计方案，保证隧道截面与整体

图 6-35 隧道管片安装示意图

线路安全。这样，让施工监测点永久使用，可以利用运行间歇，形成了自施工、运行、干扰全过程与不同阶段持续、累积的隧道结构变形数据。

2. 车站和管廊的永久监测方法

车站和管廊具有结构和性状的相似性，如果把隧道看成管道，车站是埋深和跨度更大的管廊。二者在百年使用期限不可避免地受外界干扰，进行全生命周期持续监测对于掌控车站、管廊安全性状非常重要。

施工过程中，可在管廊、车站内部布置位移监测点（图 6-36、图 6-37），考虑 20～30m 距离设置一个监测断面，竣工结束获得施工位移与使用起始状态。使用过程中，当邻近有基坑工程施工需对管廊、车站监测时，利用上述点位进行监测，得到使用阶段和开挖影响变形。

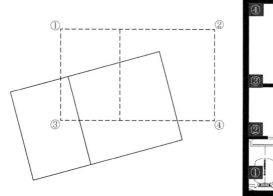

图 6-36　管廊位移监测点布置示意　　　　图 6-37　车站监测点布置示意

3. 结构变形与安全性状判定的关联思考

地下结构群深基坑工程监测，只能获得既有结构少量、局部变形，现有标准体系特别是监测规范[2,3]由此确定基坑影响的预警值理论支撑并不充分，值得思考和深化。

（1）监测变形控制值应链接结构安全极限值

《工程结构通用规范》GB 55001—2021[41]明确工程结构在工作期限内应承担各种作用，保障使用要求和足够耐久性。《混凝土结构设计规范》（2015年版）GB 50010—2010[42]规定按照承载能力极限状态确定结构方案后再进行正常使用极限的裂缝验算。因此，既有结构安全状态的判定应以构件材料的屈服强度和构件裂缝为基础，或者以满足极限条件折算后的变形设定既有结构预警值。

以盾构法隧道为例，其管片组合见图 6-35，按表 6-8 监测项目，需获得隧道结构竖向位移、水平位移和净空收敛。按照《盾构隧道工程设计标准》GB/T 51438—2021[43]要求，盾构隧道变形设计只有 2 条：一是衬砌结构应进行变形计算；二是提出收敛变形和接缝张开量限制值（表 6-9）。变形计算是否要针对上述两类，标准没有明确。实际工程的车站结构、隧道结构设计方案并未提供地下结构"百年使用时限"不同阶段的变形预测，由此对比表 6-8（施工过程变形控制值）、表 6-7（使用过程的干扰控制值）的确定好像缺少设计方案计算预测的支持。因此，结构和监测之间需架立起变形与结构安全的桥梁。

盾构法管片结构沉降、净空收敛监测控制值[3]　　　　　　　表 6-9

类别	限值
收敛变形	≤ 2‰D_0（错缝拼装）或 3‰D_0（通缝拼装），且 ≤ 50mm
接缝张开量	≤ 2mm（岩质地层或周边存在重要建（构）筑物），或 ≤ 4mm（大断面盾构隧道或位于软土地层），且小于弹性密封垫的允许张开量

注：1. D_0 为隧道外径；
　　2. 收敛变形和接缝张开量限值不含管片拼装误差造成的变形量。

（2）结构设计与基坑监测均应系统提升

采用三维整体设计法可以获得基坑工程系统，也能掌控支护结构及其坑外既有结构变形。但目前具体结构设计方案无法实现结构全生命周期的目标控制，比如隧道、管廊、车站结构竣工的变形限制，百年使用期限不同阶段安全使用的变形控制指标等，导致基坑系统监测的控制值成为"无本之木"，监测报警其实是工程结构整体混沌下的自我提醒，因此需要结构设计与监测技术的系统提升。

所谓系统提升，一是包含百年使用期限的安全指标的细化和落实；二是设计方案确定变形控制及其结合不同阶段耐久性的具体落实；三是监测项目、方法与结构控制指标的真实对应。以隧道为例，系统提升可表达为：结构设计单位应明确隧道结构施工过程初始位移与形变位移控制值，并作为竣工验收的依据。交付使用前，应获得隧道线路及其结构竣工图，明确截面初始位移、施工过程沉降，预测工后变形。既有隧道邻近基坑施工，基坑设计单位应预测隧道关键截面 S1～S5 变形值，并根据竣工图预测刚体位移、形变位移，从而在施工过程中根据监测数值对照技术标准直接判断隧道安全性状。

依据现在设计和监测技术水平，设计深化与监测提升均存在较大困难。但正确认识城市建设与既有环境保护结构设计和监测技术与高质量发展的差距是我们的责任，希望地下工程工作者正视不足，敢于担当，共同推动地下结构设计理念和理论的尽快提升。

6.3.2　传统监测技术的拓展

诚如第 5 章分析，基坑工程变形包含围护结构施工、降水和开挖三个主要环节，现有

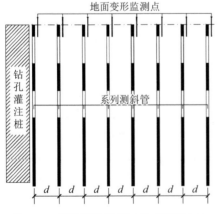

地面变形监测点

钻孔灌注桩

系列测斜管

d　d　d　d　d　d　d

图 6-38　钻孔灌注桩施工效应监控方法

监测技术[2]监测布点往往忽视或滞后于降水甚至开挖的第一步，导致监测数据缺失施工行为产生的影响。因此，重视并建立有效方法掌握主要支护措施如钻孔灌注桩、旋喷桩的施工效应，对于地下结构群环境深基坑全过程变形控制非常重要。

1. 支护桩施工效应监测[44]

支护桩的施工效应即钻孔取土过程孔周土体变形规律，利用系列深层水平位移监测与地面位移监测相结合方法，构建了钻孔灌注桩施工效应监控系统，如图 6-38 所示，可获得钻孔周边土体影响范围、变形衰减趋势。

　　图 6-39 是针对高架高铁线下支护桩施工效应监测的具体案例，证明灌注桩钻孔施工影响范围约为 3.4 倍桩径。若桩间距大于 3.4 倍桩径，可进行连续打桩；若桩间距小于 3.4 倍桩径，则需采用跳打的方式。灌注桩成孔存在群桩效应，随桩数增多，桩孔周边土体影响范围和位移均增大，当桩数超过 20 根时基本不再变化。

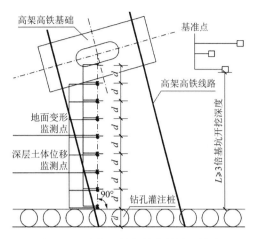

图 6-39　基坑开挖与钻孔桩施工效应
对高架桥桩影响监测

　　2.高压旋喷桩施工效应
　　旋喷桩是利用高压射流破坏土体，喷射浆液与土体充分搅拌混合，视喷射角度大小，在土中形成一定直径的柱状固结体，多应用于地基加固或基坑截水帷幕。由于压力达到 20MPa 以上，且喷射土体与浆液混合，易造成旋喷桩周边土体或近接敏感环境变形，因此建立旋喷桩施工效应监测系统，掌握旋喷射流压力衰减和土体变形规律，对于综合控制地下结构群深基坑环境具有工程价值。

　　基于高架高铁线下基坑工程对于近接高铁墩柱的影响研究，李连祥等[45]发明了"一种基坑旋喷桩对高架高铁施工效应的监控方法"，如图 6-40 所示，将其应用于实际工程得到了旋喷桩施工效应规律，如图 6-41 所示。经过现场测试数据数值模拟反分析，成晓阳[46]得到了旋喷压力随桩身深度衰减规律，明确旋喷桩施工过程中，浅层土体变形较大，随着深度增加，土体侧压力增大，土体受到的扰动减小。旋喷桩施工影响范围，约为 2.7 倍桩径。

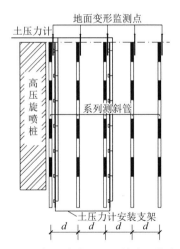

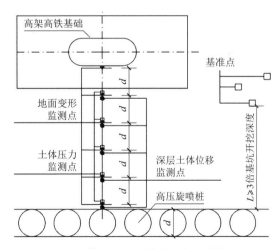

图 6-40　高压旋喷桩施工效应监控方法　　图 6-41　高压旋喷桩施工效应对高架桥桩影响测试

6.3.3　地下结构群深基坑监测系统

　　以系统方法落实地下结构群环境深基坑监测任务，构建监测系统，通过数据验证支护结构与地下结构群变形和安全是深基坑集约化设计的基本要义。监测系统内容应全面，方法应可行，数据应直接体现基坑与周围环境变化规律，展示基坑系统具体时段安全性状。

同时，还要牢记"整体安全观"，积累"百年使用期限"的时间烙印，检验不同服役阶段的结构特性，完善并提升"全生命周期"设计理论。

1. 具体基坑施工阶段全面的监测系统

监测系统全面是指基坑实施阶段的系统监测，图 6-42 是图 5-36（b）中，B1、B2 开挖

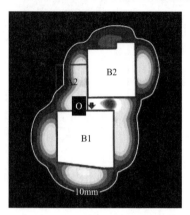

图 6-42　岩土体监测判断既有结构影响

的基坑工程系统。其系统监测在于 B1、B2 施工地面沉降大于 10mm 范围内应按照表 6-4～表 6-6 监测项目具体落实。此时 B1 基坑支护结构已施工完毕，监测系统具体布置应包含基坑系统的三个组成部分，岩土体（B1、B2 支护结构外至地面沉降 10mm 白线范围内岩土体）、既有结构（B1 围护结构）和基坑（B2）支护结构本身。岩土体监测是监测系统中借助岩土体变化判断近接结构和地下设施变化趋势的间接方法，如图 6-42 中 O 点设置深层水平位移计，以该点深层土体水平位移和土体比较，获得既有 B1 围护结构 B2 基坑的施工变形；既有结构很难直接测试应力，多以变形控制安全，或者以岩土体变形判断既有结构地下部分的开挖效应；B2 基坑支护结构因处于施工过程，通过预埋可进行应力、位移和荷载监测，获知支护结构的工作状态。通过 B2 基坑开挖 B1 邻近 O 点深层水平位移与无 B1 深层水平位移比较，获知 O 点附近 B1 围护结构对土体的遮拦作用，掌握 B1 围护结构通过岩土体与 B2 支护结构的相互作用，从而推进和改善地下结构群深基坑支护结构设计方法与既有结构集约化保护和利用。

2. 既有结构的全生命周期持续的监测系统

上述表明，B1、B2 基坑施工阶段监测系统的布置与运行。当 A2 基坑施工，B1、B2、A2 三基坑（群）系统如图 5-36（c）所示，此时 B2、B1 围护结构成为 A2 的既有结构环境，仍需进行监测，显示 B1 结构监测的阶段性和持续性。随 B1 邻近地块改造或建设，其他基坑或地下工程施工，B1 结构就应在 A2 基础上继续监测，这样不断持续，才能掌控 B1 结构全生命周期的工作性状及其被干扰时的变化，也示例构建了具体基坑施工阶段全面的监测系统，同时展示了针对既有结构、不同阶段全生命周期持续的监测过程。

此例，三个基坑相继建设，基坑施工时可在围护结构预埋或设置钢筋计等，让这些监测仪器或监测点永久使用，便可实现现阶段对重要项目结构体系的健康检测，从而把监测的临时性提升为结构的永久性。

3. 地下结构群深基坑监测系统实施

监测系统实施，在于令系统运转有效，获得设计预测和真实的结构应力和位移场。图6-43 为地下结构群深基坑监测系统，体现了典型地下结构基坑开挖响应规律，并利用施工阶段变形监测布置，实现全寿命监测可持续，因此，需要行业专家与勘察、设计、施工、监测等各专业携手，共同完善计算理论，发展监测技术，提升设计能力。

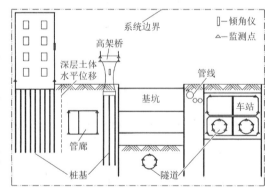

图 6-43　地下结构群深基坑监测系统示意

（1）提升设计理论

大量基坑工程的研究成果基本明确了各类地下结构近接基坑的影响规律，应加强已有科研成果在设计单位的宣传、学习和应用。根据已有工程经验，结合城市地质条件，确定各地深、浅基坑界限，在深基坑工程决策中采用三维整体设计法。明确深基坑工程系统，掌握基坑环境既有结构变形趋势，建立监测系统。

基于结构使用期限的全生命周期，建立结构变形与安全之间的联系，明确结构主体不同使用阶段变形控制标准，根据不同阶段变形限值修正耐久性设计方法。

（2）完善技术标准

着眼基坑工程建设趋势，尽快吸纳已有研究成果，完善现有设计规范和标准。针对中心城市深基坑，规定和明确采用数值模拟技术进行设计方案决策，建立深基坑数值模拟技术的城市参数体系，将明确中心城市深基坑工程系统纳入城市安全高度。进一步重视结构健康监测，逐步通过结构永久监测改进和提升健康监测水平和精度。

监测规范要按照既有结构使用期限全生命周期要求确定不同阶段基坑施工影响限制值，明确既有结构的持续性监测方法。

（3）发展监测技术

要针对既有典型结构基坑施工效应规律进行监测点布置，考虑建设和使用工况的连续性，提高和保证监测点永久使用。规定管廊、隧道、车站内部设置的监测点要永久露出，在装修作业等重点维护，确保监测数据连续，如图 6-43 所示。

要开发无线监测技术，克服地铁运营对监测的干扰，保证车站、隧道、管廊内部监测数据定期采集和传输；要进一步加强监测仪器、设备开发，提升使用寿命，支持结构全生命周期健康监测，实现基坑永久支护结构的持续性监测和既有结构的全生命周期监测。

6.4　本章小结

着眼深基坑地下结构群环境整体安全，总结、明确典型地下结构对基坑开挖的反应规律；分析现有技术标准与"百年使用期限"距离，建议隧道、车站、管廊等地下结构阶段影响与全寿命性状的持续监测理念及其做法，构建体现基坑开挖效应规律的地下结构群环境深基坑监测系统，以基坑系统边界确定监测系统范围；呼吁提升结构设计理论、发展监测技术，架起结构变形与结构安全之间的桥梁，从而通过变形监测迅速辨识既有结构健康性状，保证地下结构全生命周期安全。

参 考 文 献

[1]　住房和城乡建设部. 建筑基坑支护技术规程: JGJ 120—2012[S]. 北京: 中国建筑工业出版社, 2012.

[2]　住房和城乡建设部. 建筑基坑监测技术标准: GB 50497—2019[S]. 北京: 中国计划出版社, 2020.

[3]　住房和城乡建设部. 城市轨道交通工程监测技术规范: GB 50911—2013[S]. 北京: 中国建筑工业出版社, 2014.

[4]　住房和城乡建设部. 城市轨道交通结构安全保护技术规范: CJJ/T 202—2013[S]. 北京: 中国建筑工业出版社, 2014.

[5]　住房和城乡建设部. 地铁设计规范: GB 50157—2013[S]. 北京: 中国建筑工业出版社, 2014.

[6] 刘波, 章定文, 李建春. 基于多案例统计的基坑开挖引起侧方既有隧道变形预测公式及其工程应用[J]. 岩土力学, 2022, 43(S1): 501-512.

[7] 范雪辉, 刘波, 王园园, 等. 软弱地层中内撑式基坑开挖引起下卧地铁隧道变形的影响区研究[J]. 岩土工程学报, 2021, 43(S2): 217-220.

[8] 刘波. 软弱地层中基坑开挖卸荷引起临近既有地铁盾构隧道变形及控制方法研究[D]. 南京: 东南大学, 2020.

[9] 郑刚, 杜一鸣, 刁钰, 等. 基坑开挖引起邻近既有隧道变形的影响区研究[J]. 岩土工程学报, 2016, 38(4): 599-612.

[10] 郑刚, 王琦, 邓旭, 等. 不同围护结构变形模式对坑外既有隧道变形影响的对比分析[J]. 岩土工程学报, 2015, 37(7): 1181-1194.

[11] 李连祥, 张强, 石锦江, 等. 基坑开挖邻近隧道水平形变位移规律[J]. 山东大学学报（工学版）, 2021, 51(1): 46-52, 59.

[12] 张强. 平行地铁基坑近接结构群相互影响研究与相关结构设计优化[D]. 济南: 山东大学, 2021.

[13] MING GUANG LI, JIAN HUA WANG, JIN JIAN CHEN, et al. Responses of a Newly Built Metro Line Connected to Deep Excavations in Soft Clay[J]. J. Perform. Constr. Facil., 2017, 31(6): 04017096-1.

[14] 曾远, 李志高, 王毅斌. 基坑开挖对邻近地铁车站影响因素研究[J]. 地下空间与工程学报, 2005, 1(4): 642-645.

[15] YONG TAN, XIANG LI, ZHIJUN KANG, et al. Zoned Excavation of an Oversized Pit Close to an ExistingMetro Line in Stiff Clay: Case Study[J]. J. Perform. Constr. Facil., 2015, 29(6): 04014158-1.

[16] 刘燕. 地铁换乘枢纽后建车站施工影响研究[D]. 上海: 同济大学, 2007.

[17] 李连祥, 刘嘉典, 张强, 等. 平行车站共壁基坑三维分析与变形控制[J]. 铁道工程学报, 2021(5): 13-18, 30.

[18] 李志高, 曾远, 刘国斌. 邻近地铁车站基坑开挖位移传递规律数值模拟[J]. 岩土力学, 2018, 29(11): 3104-3108.

[19] SHIFENG WEI, SHAOMING LIAO, YAN BING ZHU, et al. Parametric Study on the Effect of Deep Excavation on the Adjacent Metro Station in Suzhou[J]. IACGE 2013: 223.

[20] SHAO MING LIAO, SHI FENG WEI, SHUI LONG SHEN. Structural Responses of Existing Metro Stations to Adjacent Deep Excavations in Suzhou, China[J]. Journal of Performance of Constructed Facilities, 2016, 30(4).

[21] 吴小将. 同站厅平行换乘地铁车站深基坑施工变形控制研究[D]. 上海: 同济大学, 2006.

[22] 高盟, 高广运, 冯世进, 等. 基坑开挖引起紧贴运营地铁车站的变化控制研究[J]. 岩土工程学报, 2008, 30(6): 818-823.

[23] 住房和城乡建设部. 地下铁道工程施工质量验收标准: GB/T 50299—2018[S]. 北京: 中国建筑工业出版社, 2019.

[24] 李新星. 邻近基坑开挖的运营地铁车站结构安全度分析[J]. 岩土力学, 2009, 30(S2): 382-386

[25] 周婷婷. 既有复合地基侧向开挖变形控制研究[D]. 济南: 山东大学, 2015.

[26] 陈天宇. 基坑主被动区群桩影响规律研究及设计理念提升思考[D]. 济南: 山东大学, 2019.

[27] 张爱军, 莫海鸿, 李爱国, 等. 基坑开挖对邻近桩基影响的两阶段分析方法[J]. 岩石力学与工程学报, 2013, 32(S1): 2746-2750.

[28] 张治国, 鲁明浩, 宫剑飞. 黏弹性地基中基坑开挖对邻近桩变形影响的时域解[J]. 岩土力学, 2017, 38(10): 3017-3028, 3038.

[29] 施成华, 刘建文, 王祖贤, 等. 基坑开挖对邻近单桩影响的改进计算方法[J]. 华南理工大学学报（自然科学版）, 2019, 47(10): 105-113.

[30] 江杰, 张探, 欧孝夺, 等. 软土地基基坑开挖对临近桩变形影响的时效分析[J]. 湖南大学学报（自然

科学版），2022, 49(11): 206-215.

[31] 李琳, 宋静, 张建新, 等. 多支撑基坑开挖对邻近桩基影响的三维数值研究[J]. 防灾减灾工程学报, 2017, 37(5): 782-789.

[32] 万嘉成, 李卫超, 曾英俊, 等. 基坑开挖对邻近桩基竖向受荷性状的影响[J]. 现代隧道技术, 2018, 55(5): 124-132.

[33] 李连祥, 白璐, 陈天宇, 等. 复合地基与临近基坑支护结构之间距离影响规律[J]. 山东大学学报（工学版）, 2019, 49(3): 63-72, 79.

[34] 张骁, 肖军华, 农兴中, 等. 基于 HS-Small 模型的基坑近接桥桩开挖变形影响区研究[J]. 岩土力学, 2018, 39(S2): 263-273.

[35] 住房和城乡建设部. 城市综合管廊工程技术规范: GB 50838—2015[S]. 北京: 中国计划出版社, 2015.

[36] 林鼎宗, 蔡奇鹏, 黄翀, 等. 基坑开挖对邻近双舱综合管廊影响的三维数值分析[J/OL]. 工程地质学报. 2023, 31(5): 1738-1747.

[37] 李连祥, 王雷, 赵永新, 等. 考虑支护结构作用的地下管廊真实受力模型[J]. 山东大学学报(工学版), 2021, 51(1): 60-68.

[38] 王雷. 考虑支护结构作用的地下综合管廊力学模型研究[D]. 济南: 山东大学, 2021.

[39] 李连祥. 土岩双元深基坑工程[M]. 北京: 中国建筑工业出版社, 2022.

[40] 山东省住房和城乡建设厅. 土岩双元基坑支护技术标准: DB37/T 5033—2022[S]. 北京: 中国建筑工业出版社, 2022.

[41] 住房和城乡建设部. 工程结构通用规范: GB 55001—2021[S]. 北京: 中国建筑工业出版社, 2021.

[42] 住房和城乡建设部. 混凝土结构设计规范（2015 年版）: GB 50010—2010[S]. 北京: 中国建筑工业出版社, 2016.

[43] 住房和城乡建设部. 盾构隧道工程设计标准: GB/T 51438—2021[S]. 北京: 中国建筑工业出版社, 2021.

[44] 李连祥, 刘嘉典, 谈从中, 等. 一种高架高铁线下基坑支护桩施工效应的监控方法[P]. 中国专利: ZL 201810077227.4, 2019-10-18.

[45] 李连祥, 刘嘉典, 谈从中, 等. 一种基坑旋喷桩对高架高铁施工效应的监控方法[P]. 中国专利: ZL 201810077226. X, 2019-10-18.

[46] 成晓阳. 集约化支护结构空间与施工效应影响研究[D]. 济南: 山东大学, 2018.

后记——我与基坑的缘分

在书稿基本定稿时，我想应该写个后记，既是对前言的响应，也是合上本书的仪式。思考间，抬眼，看到桌上一本去年出版的《土岩双元深基坑工程》，微笑，就将"我与基坑的缘分"报告给读者，或许从这脉络了解我对基坑的执着与专注。

2001年7月，遇恩师宋振骐院士与精神和动力兄长李术才教授，参与筹备和组建山东省岩土与结构工程技术研究中心，主持山东三箭置业集团有限公司与山东大学合作的"济南及周边地区深基坑工程集成智能系统"研究项目，开始接触基坑，那年35岁；

2002年9月，进入山东科技大学攻读博士学位，论文题目《冲积地层的开挖与支护设计及工程决策研究》，2007年6月取得博士学位；

2004年3月，调入济南市勘察测绘研究院，任济南岩土工程公司经理，开始从事基坑设计、施工，真正与基坑为伴；

2011年1月，调入山东大学土建与水利学院，成立山东大学基坑与深基础工程技术研究中心，开始研究基坑，那年45岁；

2013年11月，与浙江大学合作研究"侧向开挖条件下群桩复合（土）体与支护结构受力变形性状"项目，开展离心试验；

2018年3月，在南昌第八届深基础工程发展论坛上作《积极推动基坑工程变革——兼谈支护结构永久化与可回收》的大会报告，提出基坑工程应从"临时性"向"永久化、可回收"方向变革；

2018年10月，在兰州第十届全国基坑工程研讨会暨第一届全国可回收锚索技术研讨会上，再作《积极推动基坑工程变革——兼谈支护结构永久化与可回收》的大会报告；

2018年11月，在台湾南投县2018海峡两岸地工技术/岩土工程交流研讨会上作《基于临时支护的永久支护结构》的大会报告；

2019年3月，在无锡第九届深基础工程发展论坛上作《基坑工程设计三理念》的大会报告，定义和分析基坑设计"结构岩土化"与"岩土结构化"，倡导基坑支护"永久化"；

2019年7月，在天津第十三届土力学与岩土工程学术大会作《基坑工程设计理念飞跃与变革思考》分会场报告；

2019年7月，发起成立山东土木建筑学会基坑工程专业委员会，任主任委员；

这一年，不知具体时间，感觉自己追求与推进的基坑工程变革具有工程价值和实践意义；

2020年9月，在济南第十届深基础工程发展论坛上作《深基坑三维整体设计法》大会报告，明确复杂环境、深基坑应采用数值分析进行设计决策；

2020年11月，在成都第十一届全国基坑工程研讨会暨第二届全国可回收锚索技术研讨会上作《基坑工程理念演进设计示例与感悟》大会特邀报告，提出理想基坑无支护；

2021年7月，在张家口中国建筑学会地基基础分会理事会2021年工作会议上作《低碳战略考虑支挡式基坑支护影响的基础工程新格局》的特邀报告，指出基坑支护永久化将推动基坑与基础理论变革；

2021 年 10 月，在济南主办"面向工程问题的中心城市深基坑工程高质量发展论坛"，首次以深基坑为主题在国内开展理论研讨，并作《深基坑工程理论体系与设计方法》大会报告；

这一年，将基坑工程变革方向由"永久化，可回收"提升为"永久化、全回收"；

2022 年 10 月，本人第一本专著《土岩双元深基坑工程》出版，主编的山东省工程建设标准《土岩双元基坑支护技术标准》DB37/T 5233—2022 发布；

2022 年 11 月，主编的中国工程建设标准化协会标准《全回收基坑支护技术规程》T/CECS 1208—2022 发布，成为我国基坑工程领域第一本全回收技术标准；

2022 年 11 月，线上出席华东交通大学承办的第十二届全国基坑工程研讨会暨第三届全国可回收锚索技术研讨会，并作《深基坑永久支护：从理念到实现》大会报告；

2022 年 11 月，代表山东大学成为第十三届全国基坑工程研讨会暨第四届全国可回收锚索技术研讨会的承办方；

这一年，将"基坑岩体科学利用"补充为基坑工程变革方向之一，明确形成"深基坑支护永久化、浅基坑支护全回收、基坑岩体科学利用"的基坑工程高质量发展方向和理论与技术体系，并坚定推进；

2023 年 7 月，主编的中国工程建设标准化协会标准《深基坑永久支护结构技术规程》启动；

2023 年 7 月，在北京中国建筑学会地基基础学术大会（2023）作《土岩双元基坑支护理论和设计方法》的大会报告；

2023 年 10 月，在武汉第十四届土力学与岩土工程学术大会作《〈全回收基坑支护技术规程〉的绿色技术与展望》的分会场报告；

2023 年 11 月，在杭州 2023 海峡两岸岩土工程/地工技术交流研讨会上作《地下结构群深基坑集约化分析理论与设计方法》的大会报告；

2023 年 12 月，第二本专著《地下结构群深基坑工程》出版；

祝愿 2024 年 11 月第十三届全国基坑工程研讨会召开之际，基本建立起高质量基坑工程理论和技术体系，进一步推动基坑工程变革，彰显"深基坑围护结构永久化、临时支护构件全回收和基坑岩体科学利用"的绿色、低碳特征和使命。